DR
29-07-03
2004

Abgefahren

Peter Bernhardt

vier Jahrzehnte Lokführer

auf den Schienen Mitteldeutschlands

Titel: - Der Kohlependel Profen - Chemnitz bespannt mit 132 587 + 132 080 durchfährt am 15.09.1991 den Bahnhof Frauendorf.
Foto: Gunter v. Hartwig
- Der Autor als Lokführer auf der 44 1533
Sammlung: Peter Bernhardt

Rücktitel: Peter Bernhardt zur Signierstunde beim Chemnitzer Bahnhofsfest.
Foto: Thomas Böttger

Abkürzungen

Bk	=	Blockstelle
BR	=	Baureihe
Bw	=	Bahnbetriebswerk
Dg	=	Durchgangsgüterzug
DMH	=	Dringliche-medizinische-Hilfe
DR	=	Deutsche Reichsbahn
DW-Linie	=	Dresden-Werdau
Fdl	=	Fahrdienstleiter
FM	=	Fahrmotor
Fst	=	Fahrstufe
HLL	=	Hauptluftleitung
Hp	=	Haltepunkt
IR	=	Interregio
LA-Stelle	=	Langsamfahrstelle
Lgg oder Lgo	=	Leergüterzug aus gedeckten oder offenen Güterwagen
LL	=	Lokleiter oder Lokleitung
LPG	=	Landwirtschaftliche Produktionsgenossenschaft
Lz	=	Leerfahrende Lok
Lzv	=	Leerfahrende Lok vom Zug
Lzz	=	Leerfahrende Lok zum Zug
PLL	=	Personallokleiter
RAW	=	Reichsbahnausbesserungswerk
Rga	=	Berlin Rummelsburg Abstellbahnhof
Rgl	=	Rangierleiter
RGW	=	Rat für gegenseitige Wirtschaftshilfe
Sifa	=	Sicherheitsfahrschaltung
Stw	=	Stellwerk
Vmax	=	Höchstgeschwindigkeit
Zf	=	Zugführer

ISBN: 978-3-937496-01-7

Bildverlag Böttger GbR
W. I. T. der Gewerbepark
Witzschdorfer Hauptstraße 94
09437 Witzschdorf
Telefon: 0 37 25 / 2 01 40
Fax: 0 37 25 / 2 02 40
www.boettger-bildverlag.de

2. Auflage 2008

Inhaltsverzeichnis

1967 noch stolz mit einem Güterzug bei der Durchfahrt Bf Döbeln-Nord unterwegs - die 44 591. Kurze Zeit später machten wir schuldlos diesem Vorzeigebello im Bf Küchwald bei einem Zusammenstoß den Garaus. Diese Maschine endete als Dampfspender in der Göritzhainer Papierfabrik. Foto: Reiner Scheffler

Vorwort

Liebe Leserin, lieber Leser,

"Abgefahren" das heißt auch 40 Jahre "unterwegs".

Erst als Heizer und Dampflokführer im Rangierdienst oder vor endlos langen Güterzügen, seltener einem Reisezug.
Später, nach Traktionsumstellung, erwarb ich Lizenzen für mehrere BR aus dem Dieselbereich. 1983/84 kamen die E-BR 211/242 und 250 dazu. Als Personallokleiter, Technologe und Lokleiter habe ich in diversen Büros Staub gewischt.
Im Jahre 1996 machte mir die DB AG ein kulantes Angebot für den Eintritt in den Vorruhestand. Nach einigen schlaflosen Nächten sagte ich zu, machte drei Tage vor meinem 56. Geburtstag die letzte Fahrt.
Kein halbes Jahr als "Lokführer a. D." und ich vermisste die Lokomotiven, die Kollegen, die Schienen, meine Arbeit. Was ich besaß waren die Erinnerungen und diese habe ich aufgeschrieben. Meine Tochter Katharina (Journalistin) erkannte das Potenzial meiner Anekdoten und redigierte diese.
Ein großes Dankeschön geht an den Verlagsinhaber Herrn Thomas Böttger, der akribisch und mit besonderem Engagement den fotografischen Teil des Buches organisiert und gestaltet hat. Mehr als das Salz in der Suppe eben.
Herzlichen Dank auch den Herren Günter Meyer, Ronny Preußler, Volker Dornheim, Reiner Scheffler, Egon Kretschmar, Dieter Wünschmann, Matthias Hengst, Siegfried Künzel, Ralf Kintat sowie dem Sächsischen Eisenbahnmuseum e. V. Chemnitz, welche Ihren Fundus für die Bebilderung zur Verfügung gestellt haben und Herrn Bergelt für die grafische Gestaltung des Vor- und Nachsatzes. Dank auch an die Mitarbeiter des Stadtarchives Chemnitz, insbesondere an Frau Dudek.

Chemnitz im November 2007 — Peter Bernhardt

Prolog
Der kleine Lokführer

Gerade fünf geworden, ist eine Lebensentscheidung bereits gefallen. Ich werde Lokführer, so wie mein Vater. Kein Wunder, denn unser Häuschen, das "Wenzelgut", steht direkt an einem der größten Rangierbahnhöfe der DDR: Chemnitz - Hilbersdorf. Und da passiert immer etwas, mal auf der Schiene, mal zwischen den Gleisen. Damit ich Dreikäsehoch die Lage gut überblicken kann, baut mir mein Papa einen Sitz: Er nagelt zwei Bretter auf eine Zaunsäule und Mutter opfert ein Kissen, damit ihr Liebling auch ja bequem sitzt - also ein Hochsitz sozusagen. Von hier oben aus kann ich prima einen kleinen, aber nicht unbedeutenden Teil des Bahnhofs einsehen. Genau vor meinen Augen kommen die einzelnen Güterwagen vom Ablaufberg an und fahren das erste Mal auf einen "Büssing" (Hemmschuh) auf. Der bremst die Waggons kurz ab und dann verlässt der Hemmschuh über den nach außen gezogenen Schienenstrang wieder das Gleis. Die Wagen dürfen aber nicht zum Stehen kommen, weil ja gleich der nächste folgt. Nach dem Passieren dieser Stelle liegen zahllose Weichen vor den Richtungsgleisen in welche die Wagen dann laufen. Der Weichenwärter muss also noch Zeit haben, seine Weichen von "gerade" nach "krumm" oder umgekehrt stellen zu können. Nun ist die Arbeit des Hemmschuhlegers eine manuelle. Und wie leicht lässt sich der Mensch täuschen, was auch hier ab und an der Fall war. Wenn einer den Hemmschuh zu weit auslegt, kommt der folgende Wagen zum Stehen. Das ist genau der herbeigesehnte Moment für mich. Dafür lohnen sich die vielen Stunden auf dem Zaun besonders. In Erwartung des Ereignisses läuft mir bereits ein angenehmer Schauer über den Rücken. Ich erhebe mich und halte nach dem nächsten Waggon, der nicht lange auf sich warten lässt, Ausschau. Nun kommt es darauf an, wie schnell der Mann mit dem schweren Hemmschuh in der Hand ist. Manchmal kann er das Ärgste verhindern. Aber oft habe ich Glück und er schafft es nicht. Mit Tempo knallt der ankommende dann auf den stehenden. Ganz toll wird es, wenn bei einem oder beiden die Türen aufspringen und die Ladung, oft Briketts, sich zwischen die Gleise ergießt. Bis man am Ablaufberg die Störung bemerkt, es geht ja alles nur per Zuruf, rollen noch zwei drei Wagen in das Gleis. Das ist dann der Moment, wo ich vor Aufregung fast vom Zaun falle - das hält so ein Knirps im Sitzen ja nicht aus. Ich renne zu meiner Mutter und berichte völlig atemlos: "Ich habe schon wieder einen "Zammer" (Zusammenstoß) gesehen!" Bei meinem absoluten Zammer-Höhepunkt ist eine Gruppe von ca. zehn Waggons beteiligt. Eigentlich müssen die auch handgebremst werden. Aber entweder ist der Mann aus Angst abgesprungen, weil die Bremse nicht funktioniert hat oder er hat überhaupt versäumt aufzusteigen. Sei es wie es sei, die Waggons kommen in einem Sautempo vom Ablaufberg und krachen auf die stehende Gruppe. Als sich die Dreckwolke verzieht, sehe ich das Chaos aus umgestürzten, übereinander gestapelten und ineinander verkeilten Wagen. Jetzt ist meine Kinderseele entzückt. Ich warte sehnsüchtig auf den Hilfszug und beobachte die Aufräumungsarbeiten. Keine zehn Pferde bringen den kleinen Zaungast an so einem Tag von seinem tollen Beobachtungsposten.

Mit der Schule beginnt auch der Ernst des Lebens. Aber von meinem Hobby kann ich noch

Mit der hinteren Stirnseite stand das Wenzelgut zum Rangierbahnhof. Wenn ich dort nur aus dem 1. Stock hätte gucken können. Leider befand sich unsere Wohnung im Erdgeschoss in der Mitte des Hauses.
Quelle: Stadtarchiv Chemnitz, Sammlung Gerhard Krönert zur Ortsgeschichte von Hilbersdorf, Nr. 54

immer nicht lassen. Kaum des Schreibens und Zählens mächtig, tausche ich am Nachmittag Kreide und Schiefertafel gegen Stift und Zettel. Wieder sitze ich auf meinem Hochsitz und notiere von jedem vorbeifahrenden Zug die Nummer der Lokomotive (das Wichtigste), die Anzahl der Wagen und die Uhrzeit der Vorbeifahrt. Besonders wichtig sind die drei- und vierachsigen Waggons, denn die sind selten. Zweiachser gibt es zu Hunderten, aber Drei- und Vierachser - das ist was . . . Meine Notizen sind so korrekt und präzise, dass sich die Bahnverwaltung bei Unregelmäßigkeiten von mir Auskunft holen könnte.
Mit den Jahren vertausche ich mehr und mehr den Zaunsitz gegen den Fußball. Meine Altersgenossen halten mich da aber sowieso schon für einen Spinner. Aber irgendwann ist auch die Schulzeit vorbei, der Wunsch Lokführer zu werden bleibt. Eine Lehrstelle als Dampflokschlosser im RAW Karl-Marx-Stadt bekomme ich mühelos. Und auch das Pensum der drei Jahre Ausbildung erledige ich, wenn schon nicht mit links, so doch ohne größere Anstrengungen. Danach aber gilt es eine wirkliche Hürde zu nehmen. Bevor man die eigentliche Lokführerlaufbahn nimmt, muss man fünfzehn Monate als Lokschlosser absolvieren. Ich gehe also ins Bw Hilbersdorf a) weil es mir die langen bunten Güterzüge angetan haben und b) weil mein Vater dort als Lokführer arbeitet. - Bodenständigkeit nennt man das wohl. Was mir dort allerdings alles widerfährt, übersteigt oft das Maß des Erträglichen. Gerade ausgelernt, muss ich mich den gegebenen Hierarchien beugen und getreu dem Motto "Lehrjahre sind keine Herrenjahre" all die Jobs machen, die keiner machen will. Ich baue Funkenkörbe ein und aus, schmiere Bolzen und schleppe noch heiße Lagerschalen zum Ausgießer.
Wir arbeiten an Loks, die im schweren Güterzugdienst im mittelsächsischen Bergland Tag und Nacht im Einsatz sind. Ein Knochenjob ist das in so einem Güterzugbahnbetriebswerk, alles andere als ein Mädchenpensionat. Wer schon mal einen Karl-Schultz-Schieber ausbauen musste, wenn die Lok noch warm war, weiß wovon ich rede. Der Verdienst für diesen Traumjob liegt zwischen 320,- und 360,- Mark netto - nicht täglich, nein monatlich. Das ist die zynische Würdigung in der Lohntüte des Arbeiters im Arbeiter- und Bauernstaat. Aber irgendwie überstehe ich auch das zähneknirschend. Meine Jugendliebe und spätere Frau erinnert mich tröstend daran, dass die Werkstatt - Talsohle irgendwann durchschritten ist und auf der heiß ersehnten Schiene endet . . . Ich zähle die Stunden. Endlich ist es soweit. Mein Abschied aus der Werkstatt gleicht wohl einer Flucht . . .

Innenansicht des Hilbersdorfer Stellwerkes 3 aus den 1930er Jahren, rechts im Vordergrund ist das Steuerpult der Seilablaufanlage zu sehen. Mittels dieser Anlage, welche in ihrer Art einmalig war, wurden die Güterwagen mit etwa Schrittgeschwindigkeit vom Ablaufberg abgelassen.

Der Ablaufberg in Karl-Marx-Stadt - Hilbersdorf in den 1980er Jahren. Zur Geschwindigkeitsregulierung waren solche Bremsen vorhanden. Links im Hintergrund ist das "Wenzelgut" erkennbar.
Sammlung: Sächsisches Eisenbahnmuseum

Jedes Ende birgt einen Anfang

Ich verliere den Werkstattboden unter den Füßen und gewinne eine Handbreit Schiene unterm Rad

Ich komme als Heizerlehrling auf eine 86er im Rangier- und leichtem Güterzugdienst zu erfahrenem Personal. Zehn Schichten sind vorgesehen, aber ich absolviere nur sechs. Der PLL braucht jeden Mann, also stehe ich, noch bevor die Weihnachtsglocken 1958 läuten, auf eigenen Lokheizerfüßen. Als Urlaubs- und Krankenvertreter komme ich in die kleinen Dienstpläne mit den BR 86 und 94, die ca. 50% des Güternahverkehrs sowie fast den gesamten Rangierdienst um Karl-Marx-Stadt abwickeln. Der Bahnsteigverschub in Karl-Marx-Stadt-Hauptbahnhof ist Sache des Reisezug-Bw an der Glösaer Straße. Den Rest des Güternahverkehrs besorgen die Bahnbetriebswerke Hauptbahnhof, Freiberg, Pockau-Lengefeld, Rochlitz, Aue, Glauchau und Annaberg-Buchholz.
In den kleinen Dienstplänen geht es ruhig zu. Meist sind die Planstellen von älteren Kollegen besetzt. Wer will sich denn noch abrackern, wenn das Rentenalter in Sicht ist? Das Ausscheiden ist ohnehin erst mit 65 möglich.
Auch mein Vater, mittlerweile gut in den 50ern, fährt in einem solchen Dienstplan. Er schont bei der Arbeit seine Kräfte für das riesige Grundstück, das er in seiner Freizeit bewirtschaftet und auf dem er mich zu meinem Leidwesen hin und wieder zwangsverpflichtet. Darum lässt er den PLL immer abblitzen, wenn dieser um eine Sonderschicht bittet. Bei mir hat der Mann mehr Glück. Aber das stimmt so eigentlich gar nicht, denn wir Wildfahrer sind sowieso "vogelfrei". Das heißt, dass wir die wenigen freien Tage bei ihm erbetteln oder erstreiten müssen. Jahre später wird das dann anders sein. Den Urlaubs- und Krankenvertretern und damit auch dem PLL wird ein Dienstplan vorgegeben, der regelt, an welchem Tag man Tagschicht, Nachtschicht oder dienstfrei hat. Ein Erfolg der sozialistischen Einheitsgewerkschaft. Mir ist das gleich. Die Arbeit macht Riesenspaß und ledig bin ich auch. Dagegen hat es Mutter jetzt schwer mit zwei "Wechseldienstlern" im Hause. Einer muss um Mitternacht zur Arbeit; der andere hat 3.51 Uhr Dienstbeginn. Da es sich die gute Seele nicht nehmen lässt, beide Männer bestens versorgt, persönlich zur Arbeit zu schicken, sind diese Nächte sehr zerrissen und auch für sie eine Nachtschicht. Da aus ihrer Sicht der arme Junge jetzt so viel und so unregelmäßig arbeitet, lässt sie endlich von mir als potentielles Gartenarbeitsopfer ab. Wie schade ...
Ich bin meist auf 94er Lokomotiven eingesetzt, die am Anfang des 20. Jahrhunderts von der Maschinenfabrik Richard Hartmann in Chemnitz gebaut worden sind. Der technische Standard dieser Tenderlokomotiven ist bescheiden. Gerade einmal 12 atü Kesseldruck (Einheitslokomotiven haben in der Regel 16), keine Laufachse, 45 km/h Höchstgeschwindigkeit, zur Kesselwasserergänzung zwei Dampfstrahlpumpen (Injektoren), statt wie bei anderen üblich eine Speisepumpe (Fahrpumpe) und eine Strahlpumpe. Die Luftpumpe (moderne BR waren mit Doppelverbundluftpumpen bestückt) nur einstufig; es dauert etwa 30 Minuten bis ein Zug von etwa 100 Achsen, wie wir sie vom Südbahnhof nach Hilbersdorf mit der 94er schleppen, voll, also auf 5 atü Leitungsdruck aufgepumpt ist. Die Lok hat Aschkästen ohne Bodenklappen. Also müssen die Rückstände, die über die Rostlage und den Kipprost in den Aschkasten

Auch solch unromantische Arbeiten, wie oben das Reinigen der Rauchkammer und unten das Füllen der Kohlehunte, waren zur Dampflokzeit im Bahnbetriebswerk Karl-Marx-Stadt - Hilbersdorf durchzuführen.
Sammlung: Sächsisches Eisenbahnmuseum

gelangen, mit einer Kratze von unten ausgezogen werden. Das geht selbstverständlich nur im Stillstand und wenn ein Kanal unter der Lok ist. Ist unterwegs mal eine "Kippe" wegen schlechter Kohle (große Rückstände) nötig, dann bekommt man das Zeug zwar in den Aschkasten, aber dort bleibt es auch. So wird die Frischluftzufuhr von unten behindert - kein Sauerstoff, keine Feueranfachung. Bei Lokomotiven mit Bodenklappen lässt man diese einfach über einen ausrastbaren Bodenklappenzug fallen.

Das Ausschlacken darf nicht gerade auf Bahnhöfen ohne Ausschlackstelle oder auf der freien Strecke geschehen. Das verbietet die Brandgefahr. Aufpassen muss man nur, wenn man die Klappen erst an einer "günstigen" Stelle fallen lassen will und schon vorher die Schlacke gekippt hat. Dann besteht die Gefahr, dass der Aschkasten ausglüht. Aber wen interessiert das? Wenn der Kesseldruck sinkt, das Wasser bald im Wasserstandsglas nach unten zu verschwinden droht, es dir dafür aber bis zum Hals steht: Wenn Dampfmangel und Stillstand, in der Fachsprache "Kochen" und "Klebe", drohen?

Aber dafür ist sie stark - die 94er, mit nur zwei Zylindern und einer Leistungsziffer von 3.3. Die "kniet sich richtig rein in ihre Arbeit"; wirkt irgendwie geduckt - zum ersten Wagen nach hinten geneigt. Wenn das Anfahren mal sehr sehr schwer wird, weil der Zug nach einem Halt in einer Steigung sich nach hinten gestreckt hat und nun als Ganzes wieder angezogen werden muss, dann glänzt die 94er.

In grauer Vorzeit gab es da Schlussschaffner, die die Handbremse des letzten Wagens, auf dem sie mitfuhren, festmachten. Das ermöglichte dem Lokführer den Zug etwas auflaufen zu lassen. So musste die Lok beim Anfahren nur Wagen für Wagen und nicht den ganzen Zug anziehen. Das war einmal.

Die Räder einer 94er drehen sich immer, auch dann, wenn der Kesseldruck schon auf 5 atü herunter ist, die einstufige Luftpumpe gerade noch haucht, die Luft für den Zug kaum noch zusammenbringt. Der Dampfregler am Anschlag, die Steuerung voll ausgelegt, eine 94er hat mich nie enttäuscht - bis auf das eine Mal . . . Wir nennen sie liebevoll "94er Stutz". Oder auch "Buckel", weil sie keinen Schlepptender hat, nur sehr begrenzt Vorräte (Wasser, Kohle) aufnehmen kann und ihr Aktionsradius deshalb ziemlich eingeschränkt ist.

Zum Vergleich; die größere G12 der ehemals preußischen Staatsbahn, die als erste und einzige Länderbaureihe von der DR als Einheitslok BR 58 übernommen worden ist, bringt es trotz ihrer 3 Zylinder und 14 atü Kesseldruck lediglich auf eine Leistungsziffer von 3,5.

Ich genieße die lang ersehnte Zeit, mit der Abwechslung und dem Ereignis Dampflokomotive, täglich neu. Bisher bin ich oft mit Widerwillen an die Arbeit gegangen. Ob nun als Pseudogärtner, Lehrling oder Schlossergeselle. Aber jetzt, ständig mit anderen Lokführern unterwegs, kann ich dienstlich und zwischenmenschlich prima Studien machen.

Eines Tages, ich habe zum ersten Mal Bereitschaft in meinem noch ganz jungen Heizerleben, bekomme ich vom Lokleiter den Auftrag, eine 44er anzufeuern. Das heißt, die Lok vom kalten in den betriebsfähigen Zustand zu versetzen. Wegen des chronischen Lokmangels ist ihm am schnellstmöglichen Einsatz dieser Lok viel gelegen. Eine echte Herausforderung also. In der Arbeit des "Anbrennens" einer Lok ungeübt, gehe ich die Sache äußerst konzentriert an. Ich will den sympathischen älteren Herrn, namens Ernst Walczak, der mir bisher stets freundlich

begegnet ist, keinesfalls enttäuschen. Frau Fiedler, die rechte Hand von Walczak, trägt mit Worten wie: "Na, Herr Bernhardt, das schaffen Sie schon", ihr charmantes Scherflein zum Gelingen bei.
Nach exakt fünf Stunden bringe ich dem Walczak die Lokschlüssel zurück und stolz sage ich: "Zehn atü Dampf, ein halbes Glas Wasser, Luken dicht, alles geprüft. Aus Sicht des Heizers kann die Lok jetzt starten, Herr Walczak." Dabei sei erwähnt, dass eine Lok in der Regel ca. zehn Stunden und mehr angefeuert wird. Eigentlich muss dabei ein ortsaufsichtsführender Kesselwärter bzw. ein Lokführer zugegen sein. Aber das ist nicht mein Problem.
Als ich vier Stunden vor Dienstende die Platte putzen darf und auch Frau Fiedler anerkennend nickt, kann ich mir sicher sein, mein Einstand in dieser Brigade ist mehr als gelungen.
Und auch sonst versuche ich getreu dem Motto "Der erste Eindruck ist ein bleibender" - einen guten zu machen: Bei Dienstantritt stelle ich mich artig vor, alles per "Sie". In diesen Plänen fahren, wie erwähnt, die älteren Herren und man sagt zu mir entweder: "Also ich bin der Hans und wie heißt du?" oder es bleibt beim steifen "Sie". Manche dieser Kollegen sind noch vor der Jahrhundertwende geboren und haben andere Zeiten als den "real existierenden Sozialismus" erlebt. Einige von ihnen sehnen sich zurück nach dem Kreidestrich an der Stehkesselrückwand im Führerstand, der dem Heizer das Betreten der rechten Führerstandshälfte verbietet. Gern würden sie die getrennten Bereitschaftsstuben für Lokführer und Heizer wieder einführen. Auch das Hochsteigen des Heizers auf der rechten Führerhausseite sehen sie nicht gern, die ist dem Herrn Lokführer vorbehalten. Am liebsten kämen sie wieder mit Zylinder, weißem Stehkragen und Handschuhen auf die Lok. Würden sich wie in guten alten Zeiten an ihrem freien Tag, mit Herrn Doktor, Herrn Apotheker und Herrn Bürgermeister am Stammtisch des Dorfkruges treffen und mit "Herr Oberlokführer" ansprechen lassen.
Ich will nicht einer proletenhaften Kumpelhaftigkeit mit Rollkragenpullover oder offenem karierten Hemd das Wort reden, aber aufgeräumt hat die neue Gesellschaftsordnung mit antiquierten Vorstellungen und Hierarchien.
Wird das "Sie" gepflegt, dann verläuft der Dienst meist steif und exakt nach Vorschrift. Es sei denn, man testet mich 18jährigen, der eine Lok feuern will, um zu sehen, was ich drauf habe und bietet mir nach der Schicht das "Du" an. Jetzt lerne ich sie alle kennen, die Herren Hächer, Heumann, Goffier, Scheubner, Voigt und Hentzsch. Letzterer bringt es auf einer Strecke von vier km Entfernung (Hilbersdorf - Südbahnhof) fertig, gleich zweimal ein gesperrtes Hauptsignal zu überfahren. Ausfahrt Hbf. zeigt "Halt", aber als wir halten, steht der zweite Wagen neben dem Signal, anstatt unsere Lok davor. Und weil´s so schön war, das Ganze an der Ausfahrt Südbahnhof noch einmal. Konsequenzen hat das keine - nichts passiert, nur drübergerutscht. Keine Weiche aufgeschnitten und wenn es keiner anzeigt, wird es schnell vergessen.
Der Lokheizer Baumann, Planheizer beim Vater, ist wieder einmal kurzfristig erkrankt. Manche Leute merken erst zwei Stunden vor Dienstbeginn, manche gar erst danach, dass sie nicht zur Arbeit gehen können. Ich langweile mich in der Bereitschaftsstube meinem bevorstehenden Feierabend entgegen. Aber der PLL bittet mich noch ein paar Stunden ranzuhängen und Baumanns Dienst zu übernehmen. Mir ist sofort klar, dass ich wahrscheinlich die einmalige Chance habe, mit Vater auf einer Lok zu fahren. Schlitzohrig erwidere ich, dass ich für Baumann

Die 94 2062, die Planlok von Herrn Papa, an einem Wintertag des Jahres 1963 auf dem Karl-Marx-Städter Südbahnhof. Auf ihr wurden die Nudeln im Wärmekasten immer besonders schnell heiß.
Foto: Günter Meyer

fahre und bitte ihn gleichzeitig mir die gesamte Vertretung bis zu dessen Genesung zu geben. Wahrscheinlich ist ihm für den Moment entfallen, dass mein Vater der Planlokführer von Baumann ist, denn Verwandte ersten Grades dürfen nicht gemeinsam auf einer Lok fahren. Ganze vier Wochen muss Mutter, wenn nachts Dienstbeginn ist, nur einmal aufstehen. Zwar haben Vater und ich die gleichen Brote, doch ich bekomme meist eine kleine Extrawurst eingepackt. Der alte Herr, den ich auf dem Sozius meines Motorrades mit zur Arbeit nehme und im Dienst mit seinem Vornamen Walter anspreche, hat dafür ein Kochgeschirr mit Nudeln und Hühnerfleisch dabei. Das stellt er während einer Pause in ein eigens dafür vorgesehenes Kästchen an der Stehkesselrückwand, in dem die Isolierung zum Stehkessel fehlt und es so drinnen sehr heiß wird.
Wir klettern also für einige Zeit gemeinsam auf die 94 2062, fahren Nahgüterzüge nach Thalheim, Zwönitz, Limbach, hinab ins Chemnitztal, Stollberg und zum Südbahnhof. Dort spielt sich das Rangiergeschäft prinzipiell auf der Lokführerseite ab. Wir kommen überein, bei dieser Gelegenheit immer die Seiten zu tauschen. Ich rangiere und fühle mich schon ein bisschen als Lokführer, werfe nebenbei noch ein paar "Graupen" in die Feuerbüchse, beim Rangieren wird wenig verbraucht. Der Papa sitzt in der linken Ecke, ist für das Kesselwasser zuständig und schont seine Kräfte für die Feierabendarbeit im Garten. So sind wir beide rundum zufrieden. Aber auch diese Zeit vergeht und ich fahre weiter im 94er Plan. Nun beim Lokführer Heumann. Ein schlechtes Los hätte ich damit gezogen, meinen die Kollegen . . .

Heumanns späte Wechseljahre

Ein Lehrgeld, das ich schuldlos zahlte

Es ist unser dritter Nachtdienst, der härteste in diesem Plan - Beginn 17.00 Uhr - Dauer zwölf Stunden. Wir haben von Hilbersdorf einen Nahgüterzug nach Zwönitz zu befördern. Halt ist auf allen Unterwegsbahnhöfen. Dort werden Frachten abgesetzt und aufgenommen. Aus Richtung Aue kommt dann ein ebenfalls mit einer 94er bespannter Rangierzug, den wir nach Hilbersdorf bringen müssen. Der Aue´sche nimmt unseren wiederum mit. Für den Aktionsradius der 94er eine ganz schön große Tour. Ich melde mich also zum Dienst und erhalte vom Lokleiter die Schlüssel der 94 2005 mit den Worten: "Morgen früh zum Auswaschen". Das bedeutet, dass die Lok etwa vier Wochen durchgehend gelaufen ist und am nächsten Tag Fristuntersuchung mit Mängelbeseitigung hat. Mit so einem "Boot draußen rumzufahren" verheißt meist nichts Gutes.

Heumann ist noch nicht da und ich beschleunige meine Schritte Richtung Lok, will mir den "Trog" mal ansehen, muss ja sowieso abölen. Dort angekommen gilt mein erster Blick dem Wasserstand und der Feuerbüchse. Mir wird Angst und Bange. Auf einer Breite von etwa 40cm läuft das Wasser von der Rohrwand in die Feuerbüchse. Das sogenannte "Rohrlaufen" bedeutet, dass ein oder mehrere, in die Stehkesselrückwand eingelassene Heizrohre, undicht sind. Dadurch ist ein Teil der vorderen Rostfläche nass und die eigentliche Heizfläche eingeschränkt. Kurz gesagt: Nachteilige Auswirkung auf die Dampfentwicklung. Als ich einen Blick in das Reparaturbuch werfe, sträuben sich mir die Nackenhaare: Für das anstehende Auswaschen sind dreißig Reparaturpunkte angegeben, die sich während der letzten vier Wochen Dauerbelastung angehäuft haben. Ich gehe zurück zur Lokleitung. Inzwischen ist auch der "Meister", Lokführer werden so angesprochen, zum Dienst erschienen. Meinen Hinweis auf den Zustand der Lok quittiert er mit den Worten: "Das muss ich mir erst mal selbst angucken." Klar, er hat die Verantwortung. Ich begleite ihn eigentlich nur, um meine Tasche von der Lok zu nehmen. Auch Heumann lehnt den Bock ab. Der Lokleiter eröffnet ihm, dass keine andere Lok zur Verfügung steht, wir aber auf eine, die in zwei Stunden zurückkommt, warten können. Ein pünktlicher Feierabend wäre so schon bei Dienstbeginn in Gefahr. Da den älteren Herren nichts heiliger ist als dieser, trage ich meine Tasche erneut zur 94 2005. "Die vor uns sind auch mit der Lok zurückgekommen, warum sollte es bei uns nicht noch mal funktionieren?" brabbelt Heumann in sich hinein. "Die mussten aber nicht nach Zwönitz, sondern nur paar Mal um den Kirchturm herum. Da konnten sie sich dampfmäßig immer wieder erholen", versuche ich ihn umzustimmen. Erfolglos.

Es geht los und wie es sich an solch einem Tag gehört, stehen gleich 800 t (Höchstlast) am Stw5 in Hilbersdorf für uns bereit. Auf jedem Bahnhof in Richtung Zwönitz wird es etwas weniger. Wir haben Einsiedel, Dittersdorf und Burkhardtsdorf schon hinter uns gelassen und kommen nach Meinersdorf. Als wir am Wasserkran stehen, gebe ich zu bedenken: "Meister, als ich den gleichen Dienst mit Herrn Scheubner hatte und die Kohle auch so knapp war wie jetzt, haben wir bei der Kleinbahn nachgeladen".

Die Kollegen von der "Pfefferminzbahn" Meinersdorf - Thum füllen hier die Betriebsvorräte der

Schmalspurbahn auf. Es gibt auch ein normalspuriges Gleis dorthin. Der Rangierer muss allerdings den Kohlekran bedienen, weil mit Hunten geladen wird.
"Wann Kohle ergänzt wird, bestimmt der Lokführer", weist mich Heumann zurecht. Er bemerkt offenbar nicht, dass der Mond bereits über den Tender in den Führerstand scheint. Vermutlich hat die Lok längere Zeit im Haus gestanden und wir sind nicht mit vollen Vorräten rausgefahren. Es geht hinauf nach Thalheim. Das Rangiergeschäft ist bereits abgewickelt. Wir stehen am Zug und haben 370 t am Haken. Das ist weder zu viel noch zu wenig. Ab hier sind 500 t Höchstlast. Nächste Station wird, nach Dorfchemnitz, Zwönitz sein. Wegen der anstehenden Bergfahrt will ich das Feuer richten. Aber auf Heumanns Geheiß bleibt das Stoßeisen auf dem Wasserkasten. Zähneknirschend hole ich meine Brotbüchse aus der Tasche, setze mich in die Ecke und mache Pause. Plötzlich springt der Heumann von seinem Sitz hoch, ruft: "Ausfahrt frei", reißt den Regler auf und ab geht es - sage und schreibe 40 min vor der planmäßigen Abfahrt. Bis jetzt hatte ich an seinem Verstand nur gezweifelt, doch nun wurde mir klar - der Mann gehört in die Klapsmühle. Wie sonst kann er mit dieser Karre, ohne entsprechende Information vom Fahrdienstleiter, 40 min vor Abfahrt, mit einem unvorbereiteten Feuer abfahren? Was zu retten ist, versuche ich zu retten und kratze den Dreck aus den Tenderecken. Mit annäherndem Spitzendruck fahren wir ab. Das bedeutet aber gar nichts, denn wenn das Feuer niedergebrannt ist, geht auch der Dampf unmittelbar danach, je nach Menge der Dampfabnahme gleich 2-4 atü,

Am 01.04.1960 ist 94 2112 an der Einfahrt des Bf Meinersdorf unterwegs mit N 9071 nach Karl-Marx-Stadt. Das vordere Einfahrtssignal gehörte zur Schmalspurstrecke aus Thum. Da dieser Spurwechselbahnhof einst große Bedeutung für den Güterverkehr hatte, wurde hier meist auch rangiert.
Foto: Günter Meyer

zurück. Außerdem steht ja die Feuertür offen. Ich muss nun während der Fahrt ein Grundfeuer anlegen und das bringt zusätzlich Kaltluft über die Feuerbüchse in die Heiz - und Rauchrohre. Ziemlich "schwach über der Brust" - mit neun atü Kesseldruck, da ich noch nicht zum Nachspeisen von Kesselwasser gekommen bin, nähern wir uns Dorfchemnitz. Das ist eine böse Wechselwirkung bei solchen Veranstaltungen: Wird Wasser gezogen, geht der Dampfdruck noch weiter runter, lässt man es sein, wird das Wasser im Glas weniger. Die Folgen können fatal sein. Da ein Lokkessel einem liegenden Rohr gleicht, kann man sich vorstellen, dass, wenn der Wasserstand niedrig ist, mehr nachgespeist werden muss, um ihn zu heben, als bei hohem Wasserstand. Von Thalheim bis Dorfchemnitz geht es ständig leicht bergan. Das Feuer habe ich einigermaßen im Griff. Um vollends zu gesunden, also Dampf und Wasser zu schaffen, schlage ich Heumann vor, in Dorfchemnitz anzuhalten und eine Auszeit von vielleicht einer Viertelstunde zu nehmen, um uns stark zu machen. Wir sind sowieso 40 min vor Plan und die 15 min fürs Rangieren fallen auch aus, da wir weder für die, noch die für uns Fracht haben. Mit einem unverändert geringschätzigen Blick auf mich meint der Meister "Durchfahrt frei", schiebt den Regler in Richtung "offen" bis zum Anschlag und erhöht die Füllung mit der Steuerung noch etwas.

Prinzipiell ist es bei Dampflokomotiven mit der technischen Fahrsteuerung so, dass der Druck, der an den Zylindern anstehen soll, mit dem Öffnen des Reglers geregelt wird. In unserem Fall, also 9 atü bei voll geöffnetem Ventilregler, da nicht mehr Kesseldruck vorhanden ist. Mit der Steuerung wird dann die Menge, die in die Zylinder einströmen soll, vergrößert oder verkleinert. Also erneut eine Wechselbeziehung. Kann man mit Spitzendruck fahren, wird die Steuerung kurz gehalten - bei normaler Bergfahrt zwischen 25% und 35% Füllung etwa. Je niedriger der Kesseldruck ist, desto weiter muss die Steuerung ausgelegt werden.

Heumann tut also genau das Richtige, um zielstrebig einer "Plombe" entgegen zu steuern. Man muss wissen, dass der richtige "Knochen" zwischen Thalheim und Zwönitz erst hinter Dorfchemnitz in einer leichten Linkskurve nach dem kleinen Bahnübergang kommt. Von da sind es aber noch paar Kilometer bis zum Ziel. Weil es an diesem Knick richtig schwer für die 2005 wird, legt er die Steuerung erneut etwas nach vorn. Ich muss nun doch Wasser ergänzen und da der Druck immer weiter sinkt, bleibt dem Heumann nichts anderes übrig, als noch weiter mit der Steuerung nach vorn zu gehen. Das geht so lange, bis diese voll ausgelegt ist, das Kesseldruckmanometer noch 4 atü anzeigt und die 2005 mit einem Seufzer aufgibt. Wir stehen. "Und was wird jetzt?", fragt Heumann scharf. "Jetzt gehe ich nach unten, hole die Ölkannen heraus und schmiere die Stangenlager noch mal ab", antworte ich so giftig, dass selbst der begreift, was die Stunde geschlagen hat und sich eine Erwiderung verkneift. Sicher tut mein Gesichtsausdruck ein Übriges. Das hier ist meine Arbeit und Dampfmangel bleibt fast immer am Heizer hängen. Auch wenn er alle Möglichkeiten ausgeschöpft hat, um es dazu kommen zu lassen. Wir hätten "kochen" und die Fahrt fortsetzen können, so wie wir wieder stark gewesen wären. Aber die Kollegen aus Aue rangierten schon in Zwönitz. Also lässt Heumann vom Zf über Streckenfernsprecher zum Ort der Klebe eine Ersatzlok bestellen. Das geht schneller. Die beiden 94er stehen angekuppelt Esse an Esse, ein zeitloses Fotomotiv, leider bei Nacht.

Die Bremsprobe ist also erledigt und ab geht es. Wasser und Dampf haben wir wieder.

Einfahrt einer Übergabe vom Südbahnhof, bespannt mit 2 x BR 86, in den Karl-Marx-Städter Hbf. Auf Grund des großen Güteraufkommens waren solche Leistungen in den 1960er Jahren nichts außergewöhnliches. Sammlung: Ronny Preußler

75 535, 94 2062 und 58 1311 am 03.07.1968 im Bw Hilbersdorf. Alle drei Lokbaureihen waren rund um den Eisenbahnknoten Karl-Marx-Stadt im Reise- und Güterzugdienst bis zur Ablösung durch die Dieseltraktion im Einsatz. Foto: Günter Meyer

Wahrscheinlich will Heumann den Kollegen aus Aue zeigen, dass wir sie gar nicht gebraucht hätten. Obwohl diese den Zug samt unserer Lok (ca. 80 t) mühelos allein wegbringen könnten, reißt er den Regler auf und wir donnern nach Zwönitz wie ein Schnellzug. Das kostet unnötig Kohlen, von denen wir sowieso kaum noch welche auf dem Tender haben. Ich kann nicht mehr vom Schaufelblech weg feuern, sondern muss ins Bergwerk kriechen, um die Kohle aus den hintersten Ecken auf das Schaufelblech zu bringen. Bei einer Talfahrt, wie anschließend von Zwönitz nach Karl-Marx-Stadt, ist das ja nicht so dramatisch. Trotzdem wird rangiert und der Zug muss schließlich aus jedem Bahnhof gezogen werden. Das Feuer darf letztlich nicht verlöschen. Als wir in Zwönitz zur Ruhe kommen und abfahrbereit Richtung Karl-Marx-Stadt stehen, meint Heumann: "Mit einem alten Heizer wäre mir das nicht passiert!" Ich lasse das so stehen, weil ich absolut keine Lust verspüre, mich auf eine fruchtlose Diskussion mit einem Bornierten einzulassen. Aber es soll noch besser kommen. Auf der Rückfahrt - gerade angekommen in Thalheim, beginnt sofort das Rangiergeschäft. Wir stehen, wie erwähnt, mit dem Tender in Fahrtrichtung. Den Packwagen, der hinter der Lok hängt, nehmen wir mit und umfahren den Zug, um an die letzten vier Wagen heranzukommen, weil diese für das Ladegleis in Thalheim bestimmt sind. Mit Brikett beladene Zweiachser, die der Rangierer schon abgekuppelt und dabei die Luft abgezogen hat, damit sie fertig zum Rangieren sind. Luft abziehen bedeutet, dass der oder die Wagen nur noch über die Kupplung mit der Lok verbunden sind und von dieser aus nicht mehr gebremst werden können. Der Rangierer unterrichtet den Lokführer über Ziel, Weg und Zweck der Rangierfahrt. Auch teilt er Heumann mit, dass am Ende des Ladegleises noch ein Wagen steht, den man gerade entlädt. Unsere Rangierabteilung fährt in Richtung Dorfchemnitz aus der Spitzenweiche und dann zurück in das Ladegleis, um die vier Kohlewagen ebenfalls zur Entladung bereitzustellen. Da das Ladegleis in Thalheim hinter dem Bahnhofsgebäude liegt, führt das Gleis in einer S-Kurve dahin. Der Rangierer steht auf meiner Seite auf dem Rangiertritt des ersten Wagens in Fahrtrichtung und winkt mit der Lampe "kommen". Ich übermittle das Signal und ab geht die Post, aber wie. Anscheinend hat Heumann vergessen, dass das Ladegleis im Gefälle liegt. Auch sind diese wenig befahrenen Gleise durch Laderückstände schmierig, besonders jetzt im Winter. Es geht also in einem Affentempo in das Gleis. Ich versuche den Rangierer an der Spitze im Auge zu behalten, aber durch die Krümmung des Gleises ist er momentan nicht zu sehen. Als der erste Wagen, auf dessen Rangiertritt er steht, wieder auftaucht, macht er schon wilde Kreisbewegungen mit der Handlampe. Sofort brülle ich Heumann zu: "He, der da vorn gibt Haltsignal!" Der reagiert auch prompt - Vollbremsung, paar Körnchen Sand auf die Schiene - aber er kann natürlich das Schlitzen und Blockieren der fünf gekuppelten Achsen der 94er und der beiden des Packwagens nicht verhindern. Dass die Bremskraft gerade noch um die 30% bei blockierten Achsen gegenüber Achsen, die sich gerade noch drehen beträgt, ist nichts Neues. Wir schlittern auf den stehenden Wagen zu. Heumann versucht noch mal zu lösen und wieder zu bremsen, dabei gelingt es ihm, die Abteilung etwa eine Länge - ca. 10 m vor dem Wagen, der im Gleis steht, zum Halten zu bringen. Ich atme lautlos durch. Der Heumann hat anscheinend gar nicht mitbekommen, was er gerade für Dusel hatte. Da sich das Rangiergeschäft auf meiner Seite abgespielt hat, kommt der Rangierer zu mir: "Müsst ihr mit einem solchen Tempo hier rein krachen? In dem

Waggon entladen Leute. Ich hätte den Doofen für eure Raserei gemacht, wenn etwas passiert wäre!" "Das musst du dem da drüben sagen, der ist nämlich gefahren. Ich schmeiß hier bloß die Kohlen rein." - erwidere ich. Natürlich hatte Heumann das gehört. Mit einem Satz, so viel Beweglichkeit habe ich dem etwa 60jährigem gar nicht zugetraut, springt er herüber. Er reißt den Vorhang über der Tür, der uns vor der größten Kälte schützt, zur Seite und brüllt den Rangierer an: "Wie gefahren wird, bestimmt immer noch der Lokführer". Krach, Vorhang zu. Nun murmelt der Rangierer noch etwas, ein Mann um die Fünfzig und offenbar ein gestandener Eisenbahner. Er macht noch eine eindeutige Handbewegung und wir fahren mit unserem Packwagen an die Spitze des Zuges, Bremsprobe, fertig. Aus der Tasche hole ich die Büchse mit der letzten Schnitte, aber schon der zweite Bissen droht im Halse stecken zu bleiben: Heumann tobt plötzlich auf mich los: "Mit 100 Heizern bin ich in das Ladegleis gefahren! Jeder hat gesehen, wenn der Rangierer Längen angibt, bloß du nicht!"

Wenn sich die Rangierabteilung dem Halteplatz, sei es um Anzukuppeln oder Abzuhängen, nähert, gibt der Rangierer Wagenlängen an. Das heißt, hebt er bei Tag beispielsweise fünfmal den Arm oder bei Dunkelheit fünfmal die Lampe, dann bedeutet das noch fünf Wagenlängen also ca. 50 m. Zuletzt kommt eine Länge, dann eine halbe und dann ist man dran, möglichst stoßfrei.

"Nun will ich dir mal was sagen, mein lieber Heumann.", erwidere ich noch ziemlich ruhig, "Durch die Krümmung konnte ich erstens den Rangierer nicht sehen und zweitens ist der gar nicht dazu gekommen Wagenlängen anzugeben, weil du wie ein Blöder in das Ladegleis gefahren bist. Deshalb bekam er es mit der Angst zu tun und gab sofort bei Sichtkontakt Haltsignal." Ich merkte wie mir der Kamm schwoll und machte, jetzt zwei Oktaven höher, gleich weiter: "Und nun sag ich dir noch etwas: Du kannst mich mal am Arsch lecken! Von solchen Idioten wie du einer bist, muss ich mich nicht schikanieren lassen! Sieh zu, wie du ohne Heizer nach Hause kommst! Ich fahre mit dem ersten Personenzug!" Sprach´s, packe meine Dose in die Tasche, klemme diese unter den Arm und steige ab. Auch mit der Gewissheit, dass ich bei anderen Kollegen eher beliebt bin, nicht zuletzt, weil ich Älteren oder Vorgesetzten wie in diesem Fall dem "ortsaufsichtsführenden Lokführer" immer Respekt gezollt habe. Aber dieser Mann hat über Wochen auf diesen Eklat hingearbeitet und heute das Fass zum Überlaufen gebracht. Natürlich wird mir auf dem Weg zum Fahrdienstleiter bewusst, dass ich damit trotzdem meine Laufbahn in Gefahr bringe. Dort angekommen, erzähle ich das Vorgefallene. Die beiden, der Rangierer und der Fahrdienstleiter, der Heumanns Fahrweise auch beobachtet hat, geben mir zwar recht, können aber die Konsequenzen, die ich ziehe, nicht gutheißen. Es dauert keine zehn Minuten und Heumann kommt. Er sagt, ich soll keine Scheiße machen und die beiden Betriebseisenbahner vom Bhf. Thalheim reden ebenso auf mich ein, nachdem sie ihm gehörig die Meinung gegeigt haben. Ich lasse mich dann auch nicht ewig bitten und gehe, schweren und leichten Herzens, wieder zur Lok. Heumann sage ich, dass ich noch heute Morgen auf den Personallokleiter warte, damit er mir ab sofort einen anderen Dienst gibt. Aber noch ist der Dienst nicht zu Ende. Wir sprechen kein Wort mehr miteinander, nicht einmal die Stellung der Signale rufen wir uns zu. Wir kommen trotzdem nach Karl-Marx-Stadt-Hbf. und da geht es in Richtung Hilbersdorf auf dem Ablaufberg hübsch bergan. Die allerletzten Kohlen habe ich zwischen Einsiedel und Südbahnhof verfeuert. Jetzt ist Schluss, der Tender leer - einfach ausgekehrt. "So, nun kannste absteigen und zum zweiten mal eine Ersatzlok bestellen. Die Kohlen sind nämlich alle und dann denkste mal drüber nach, ob wir gestern Abend in Meinersdorf nicht doch zwei oder drei Hunte hätten laden sollen und bei der Gelegenheit kannste auch gleich deine ganze Arbeitsweise überdenken. Das rät dir so ein Greenhorn wie ich!" Das sind die letzten Worte, die ich an ihn richte. Ich setze mich, habe es mehr als satt, tun kann ich ja doch nichts mehr. Der Hilbersdorfer Ablaufberg wimmelt nur so von Rangierloks und es dauert auch nicht lange da kommt die 44 380, die Überführungslok und zieht uns hinauf. Beim Anblick dieser Lokomotiven wird mir sonst ganz warm ums Herz: - Die mal im Zugdienst feuern, das wär es doch! Aber heute ist mir die Lust auf solche Aussichten erst mal vergangen. Wie muss es an solchen Tagen auf so einem "Bello" zugehen, wenn schon auf so einer "Wärmflasche" wie der 94er der Bär tobt. Man hat ja schon so einiges gehört, am Lügentisch. Für die Fahrt durch die Kohle und über den Ausschlackkanal reicht der Dampf, der da ist, gerade noch aus. Da die Lok sowieso kalt abgestellt wird, ist jetzt alles erledigt. Grußlos verschwinde ich, gehe mich waschen und umziehen mit nur einem Gedanken im Kopf - den Job mit diesem Spinner beim Personallokleiter aufzukündigen.

Endlich - Mein Jugendtraum erfüllt sich

Wie ich einer 44er ordentlich einheizte - oder sie mir . . .?

Es ist 6.30 Uhr am Morgen. Unser Personallokleiter ist schon da und in Stichworten sprudelt die Nacht mit Heumann aus mir heraus und dass ich um keinen Preis der Welt noch einmal mit dem fahren werde. Was Clarius antwortet, verschlägt mir die Sprache: "Also ehrlich, ich habe schon viel früher damit gerechnet, dass du kommst. Bei dem hält es doch keiner von den jungen Kerlen aus. Der denkt dann immer, dass er den großen Max spielen kann. Wenn der Böhmer zurück ist, dann wird auch der Heumann wieder normal. Ja sage mal, ihr habt doch morgen frei?! Der Schulte hat sich gestern krank gemeldet. Könntest du vielleicht heute Abend einspringen? Und für den Heumann übermorgen, da find ich einen, ist ja noch Zeit, das hat sich dann für dich erledigt." Erleichtert, dass das so problemlos über die Bühne gegangen ist, sage ich natürlich für den Abend zu. Im gleichen Moment fällt mir ein: "Schulte, Schulte? Das ist doch der Gerhard, der fährt doch im 44er - Plan . . ." Der Personallokleiter bemerkt meine Unsicherheit und fragt: "Ach so, Plan 3 - traust du dir das zu?" Zögernd antworte ich: "Na ja, ich weiß nicht, ich bin doch bis jetzt bloß . . .". "Komm Junge, fasse dir ein Herz, hier ist jeder als Nichtschwimmer ins Wasser geworfen worden. Hast doch auch noch den Bärwolf, Gerhard dabei. Kennst du doch, oder?" "Ja, kenn ich." Und obwohl ich weiß, dass es in den 44er - Plänen keine leichten Dienste gibt, frage ich zweckoptimistisch, wo es denn hingehen soll. "Nach Dresden, das schaffst du schon, mein Lieber." Er war offenkundig froh, dass Personalloch am Abend gefüllt zu haben. Mit einem: "Geht klar", trolle ich mich mit zwiespältigen Gefühlen nach Hause.

Die Nacht mit Heumann sollte das Ende meiner Heizerlaufbahn - im Rangierdienst wohlgemerkt - bedeuten. Aber noch ahne ich das nicht. Zu Hause bei Muttern, berichte ich todmüde vom Ungemach und der wundersamen Wendung und falle kurze Zeit später ins Bett. Nach

einigen Stunden kann ich nicht mehr schlafen. Es ist heller Tage und ich bin furchtbar aufgeregt. Der Dienst auf der 44er, das wovon ich jahrelang geträumt habe, würde heute Abend, ja heute Abend, wahr. Da ich es nicht erwarten kann, gehe ich viel zu früh los. Der Lokleiter gibt mir die Schlüssel von der 44 1388. Von Bärwolf ist weit und breit nichts zu sehen. Während ich noch beim Abölen der äußeren Kuppellager bin, Unterteile und die Mitte (44er haben drei Zylinder und in der Mitte eine Treibstange, die auf die gekröpfte Treibachse geht und die vorn am Kreuzkopf und am hinteren Treibstangenlager abgeschmiert werden muss) kommt Bärwolf. Wir kennen uns. Er ca. 40 Jahre alt und vielleicht 1,95m groß und ich genau 18 Jahre und 10 Monate alt sowie 63 kg Lebendgewicht und 1,71m klein. "Willst´n du hier, du Hering? Mit nach Dresden fahr´n? Dass ich nicht lache, da kann ich ja gleich alles alleine machen!", so seine Begrüßung. Erschrocken gucke ich ihn an und sehe den Schalk in seinen Augenwinkeln, das hat nicht jeder. Als er merkt, dass es geklappt hat, grinst er mich breit an. Obwohl mir ehrlich nicht ganz wohl ist, ich erinnere mich schaudernd an die vorangegangene Nacht, kontere ich mutig: "Wirst schon sehen, erst mal abwarten, vielleicht bettelst du mich morgen, ob ich nicht immer mit dir fahren will und rennst deshalb zum Alten". Das ist schon eher der Ton, an dem ich Gefallen finden kann. Nachdem die Begrüßungsnettigkeiten ausgetauscht sind, geht es zur Sache.
Bärwolf untersucht die Lok im Schnellgang und ich habe mittlerweile die Vorbereitungsarbeiten beendet. Der Pfiff für den Drehscheibenwärter ertönt. Wir verlassen das Haus. Bärwolf hat die Sache voll im Griff. Das Bw Hilbersdorf hat zwei 21m-Drehscheiben und beim Befahren derselben mit 44er Lokomotiven waren vorn und hinten gerade mal 25cm bis zum Rand. Es kommt oft vor, dass man noch mal anfahren muss, weil es nicht ganz gepasst hat. Wieder etwas zurück in Richtung Haus ist ja nicht so schlimm, aber in Richtung Drehscheibe weiter . . . Da kann man auch schnell die paar Zentimeter drüber sein und die erste Tenderachse liegt im Dreck. "Entgleisung, beim Befahren der Drehscheibe" heißt das dann im Reichsbahndeutsch.
Aber nicht so bei Bärwolf, der Scheibenwärter gibt Haltsignal und es funktioniert. Lok in Richtung "Ausfahrt" gedreht und mit Tender voran geht es über Stw. A, B, 3, 4 + 5 über den Bf Hilbersdorf nach Karl-Marx-Stadt Hbf, weil wir da unseren Zug, von Zwickau kommend, als so genannten Umspanner, also nur Lokwechsel, übernehmen müssen. Die Fuhre ist auch pünktlich. Und wie es sich für solche Premieren, also die meinige als Heizer im schweren Güterzugdienst gehört, ist der Zug, natürlich wie am Vortag, ausgelastet, diesmal mit knapp 1200 t.
Bärwolf spricht mir Mut zu und ich packe die Kiste, sprich Feuerbüchse, so wie ich es gelernt habe, ordentlich voll. Ich lege das Grundfeuer für die anstehende Bergfahrt an. Spitzendruck, leichtes Summen der beiden Kesselsicherheitsventile. Pünktlich geht der Löffel, - Signal Karl-Marx-Stadt Hbf Ausfahrt 40 km/h auf Vmax, hoch. "Ausfahrt frei!", so der Zuruf vom Lokführer. Ich wiederhole. Bärwolf öffnet den Regler und setzt das Ganze auf der DW - Linie in Richtung Dresden in Bewegung. Und dann lausche ich ergriffen zum ersten Mal in meinem Leben vom Führerstand aus dem dumpfen, gleichmäßigen und unnachahmlichen Auspuff dieser Dreizylinderlok, dieser Königin unter den Dampflokomotiven. Und den Dampf dazu habe ich erzeugt, mit meiner Hände Arbeit, ich allein. Ein unbeschreibliches Gefühl aus Freude, Glück oder was auch immer, überkommt mich. Was für Schöngeister und Musikliebhaber der "Paukenschlag" Beethovens, das ist für mich der Schlag von 44 1388, einfach unbeschreiblich.

Der Bahnhof Hetzdorf am 07.08.1964. Auf der Flöhatalbahn ist soeben 86 184 mit P 1311 Marienberg - KMS eingefahren, während auf dem majestätischen Viadukt eine 44er mit einem Güterzug dem Bf Freiberg entgegen strebt. Die Brücke steht heute unter Denkmalschutz und hat für den Eisenbahnverkehr ausgedient. Seit 1993 überspannt ein neues Betonbauwerk das Tal. Foto: Günter Meyer

Von Karl-Marx-Stadt-Hbf geht es ca. 5 km allmählich, aber dann schon etwas straffer, bergan. Ich befeure dünn die hellen Stellen und merke schon, wie mich der Bärwolf bei meiner Arbeit beobachtet. Der Zeiger vom Kesseldruckmanometer steht wie angenagelt auf 16atü Spitzendruck. Wie Rumpelstilzchen hätte ich im Führerstand vor Freude tanzen mögen und Bärwolf muss mich vorm Brechpunkt in Hilbersdorf daran erinnern, dass eine Talfahrt nach Flöha ansteht und ich doch jetzt endlich mit dem Feuern aufhören soll.
Die erste kleinere Hürde habe ich also mit Bravour genommen. Nun betätige ich mich sitzend bis Flöha als "Wassermann", das heißt ich ziehe mit der Dampfstrahlpumpe den Kessel wieder bis ca. ¾ voll Wasser. In Flöha angekommen ist Halt zum Ansetzen einer Schiebelok BR 58, da unsere 2000 PS Lok die anschließende Steilrampe nach Oederan mit 1200 t am Haken nicht allein schafft. Ich habe also ungefähr zehn Minuten Zeit, um erneut ein Grundfeuer anzulegen. Die Zeit ist um, Ausfahrt frei, Pfiff von der Zuglok, also von unserem Bello, mit dem dunklen Pfeifton der Einheitspfeife und dann die schrille Antwort der Schiebelok und dem Schubser von hinten. Alle haben begriffen; es geht los. Der Oederaner Berg mit straffer Steigung ist zehn Kilometer lang. Hunderte von Malen werde ich als Lokheizer, Dampflokführer, Diesellokführer oder auch E-Lokführer diesen Berg noch angehen. Und doch kommen vor jeder Bergfahrt

immer die gleichen Gedanken bei der Abfahrt: "Geht heute alles gut?"
Ob rauf oder runter - Steilrampe ist Steilrampe, immer etwas Besonderes und damit für Überraschungen geeignet. Die "Flachlandtiroler" aus der Kieferngegend um Berlin z. B. oder auch anderswo, die haben doch davon keine Ahnung. Die fahren ja auch nur Zweizylinderlokomotiven und können ihre Signale schon kilometerweit vorher sichten. Für uns nur: "Die von der Tischtennisplatte". Als ich Jahre später selbst dort fahre, ändert sich meine Meinung schon etwas.
An diesem Tag sind keine Überraschungen angesagt. Ich als Neuling bin motiviert bis in die Haarspitzen, ziehe alle Register meines noch bescheidenen Heizerkönnens. Dafür bekomme ich von Bärwolf ein für mein seit gestern Nacht arg angekratztes Selbstvertrauen ganz wichtiges: "Prima Junge!". Das tut gut. Mit geschwollener Brust lehne ich mich aus dem linken Führerhausfenster der 44er, als es ohne Schiebelok ab Oederan an der Blockstelle Memmendorf vorbeigeht. Nur noch einmal in meinem späteren Lokführerleben sollte ich dieses stolze Gefühl haben. Und zwar, als ich mit 21 Jahren einen Bello das erste Mal auf der Drehscheibe, wie vorhin bei Bärwolf beschrieben, auf Anhieb passend zum Stehen brachte.
Da ich mir auf der Heimfahrt von Dresden nach Hilbersdorf den eben erworbenen guten Ruf als Heizer natürlich nicht versauen will, gehe ich meinen Job mit gleicher Konzentration an. Beim selbstkritischen Fazit während einer ruhigen Minute gegen Dienstende auf dem Ausschlackkanal bin ich mit mir selbst ganz zufrieden. Bärwolf hat während der gesamten Fahrt nur ab und an mit Worten eingegriffen. Aber mehr, weil ich die Strecke nicht kenne und diese ein permanent wechselndes Profil aufweist. Wir stellen die 44 1388 ordnungsgemäß ab und begeben uns zur Lokschlüsselabgabe und zum Abmelden vom Dienst in die Lokleitung. Es ist wie gestern gegen 6.30 Uhr früh und der Personallokleiter läuft uns über den Weg. Er fragt natürlich den Bärwolf sofort nach gewissen Befindlichkeiten. Dieser 1,95 m Hüne stellt mir vor umstehendem Publikum das allerschlechteste Zeugnis aus. Ich bin so etwas von enttäuscht, schaue ihn fassungslos an und sehe wieder diesen Schalk in den Augenwinkeln. Prompt legt er aus der Höhe seiner 1,95 m den Arm um meine Heringsschulter und sagt: "Den kannste ab sofort jeden mitgeben." Das war ein Lob, für das ich den Riesen hätte umarmen können. Kein heizerischer Rangierdienst mehr. Wieder war ein Teilziel erreicht und Heumann und die vorangegangene Nacht waren vergessen. Wir ziehen gemeinsam von dannen, Richtung Kantine, kaufen bei Frau Ecke zwei oder drei Flaschen Helles, die ich natürlich, ob meines gelungenen Einstieges im "großen Dienst", bezahle und treten gegen 9.00 Uhr den Heimweg an. Maulfaul und müde knalle ich mich in meiner Kammer ins Bett, das liebevoll zubereitete Mittagsmahl meiner Mutter missachtend. Ich schlafe sage und schreibe bis zum anderen Morgen. Nun beginnt endlich die Zeit, da der Karl-Marx-Städter Lutherkirchturm in die Ferne rückt, bis er dann gar nicht mehr zu sehen ist.

Falsch eingeheizt

Wenn nicht mal mehr Mutters Bemmen schmecken

Nach dreizehn Monaten Heizerdaseins stecke ich noch immer meinen ganzen Ehrgeiz in die Verbesserung meiner Feuerungstechnik: Vor einer Bergfahrt in das Anlegen eines exakten Grundfeuers, während der Bergfahrt die Rostfläche je nach Bedarf dünner oder dicker zu beschicken und das vorausschauende Abbrennen lassen des Feuers vor einem Halt oder einer Talfahrt. Schließlich will ich mich später als Lokführer von meinem Heizer nicht belehren lassen müssen, sondern ihm eher etwas vormachen können.

Ich bemühe mich also redlich und muss selbstverständlich auch Rückschläge einstecken. Lokführer Soyka, Hans, im großen Dienst, heißt Plan 3 BR 44, planmäßig beschäftigt, bekommt mich, den Nobody, für 14 Tage, weil sein Heizer Urlaub hat.

Hans Soyka, ein ganz toller Mensch, wohnte, als ich noch Kind war und bereits mit fünf Jahren auf dem Zaun saß und Waggons zählte, mit uns im selben Haus. Als wir später bolzend im Hof herumtobten und Herr Soyka kam hinzu, ließ er sich nie lumpen und spielte mit uns.

Wir kennen uns also gut, das erübrigt großartige Begrüßungszeremonien, Handschlag und auf geht´s. Jeder macht seine Arbeit.

Das Feuern auf der 44er geht längst problemlos, doch nach zwei drei Diensten mit Soyka auf einem "Bello" bekommen wir nun eine 58er und diese Baureihe gebietet Vorsicht. Böse Zungen, meist von Leuten, die nicht auf der 44er planmäßig eingesetzt sind, behaupten, dass Heizer auf dem "Bello" nur "Kohlereinschmeißer" sind. Vom Feuern einer Dampflok müsse man keine Ahnung haben, weil die 44er sowieso alles frisst, was sie bekommt. Natürlich ist dem nicht ganz so, aber die 58er reagiert tatsächlich ganz anders. Man muss sie gezielt und gefühlvoll, immer nur auf die hellen Stellen, befeuern. Ecken hinten ausgepolstert, links und rechts an den Seiten etwas höher, nach vorne flach, immer dünn, so hat sie es gern. Wem die Form einer Lokschaufel geläufig ist, der kann daran nachvollziehen wie ein Feuerbett etwa liegen sollte.

Natürlich komme ich nicht das erste Mal mit dieser BR in heizerische Berührung, da sie auch im mittelschweren bis schweren Güterzugdienst eingesetzt wird. Bei einer solchen Gelegenheit habe ich u. a. erfahren müssen, wie lang eine Steigung, wie die von Glauchau bis Wüstenbrand mit z. B. 1050 t am Haken und Fahrzeiten, die der Fuchs gemessen hatte, werden kann.

Wir kommen also in Borna (Leipzig) an, befahren die Drehscheibe und ergänzen Wasser und Kohle. Letztere sind "hausgemachte" Braunkohlebrikett, sozusagen aus eigener Herstellung, was anderes gibt es hier nicht. Wir laden mit Hunten. Hat man Pech, dann muss man die auch noch selbst vollschaufeln. Immer dann, wenn ein anderer gerade Kohlen geladen hat und der Bedienstete noch nicht zum Auffüllen der wenigen vorhandenen Hunte gekommen ist. Bergab haben wir nicht allzu viel verbraucht und nun auf der Rückreise sind die zwei Tonnen Brikett, die wir in Borna geladen haben, schnell verfeuert.

Mit Brikettfeuerung kann auch bei einer G 12 (frühere Länderbaureihenbezeichnung der preußischen Staatsbahn dann BR 58) nicht viel falsch werden. Nur wenn man für zu wenig Nachschub sorgt.

Aber jetzt kommt der Dreck. Die ordinäre Donezkkohle, Stalins letzte Rache, will nicht richtig

brennen, hinterlässt Rückstände, die wie Sirup zwischen die Roststäbe fließen. Das behindert die Sauerstoffzufuhr durch den Aschkasten aufs Äußerste. Von Borna bis Narsdorf sollen wir durchfahren, alles Steigung, mal mehr, mal weniger steil, ganze 24 km lang. Jetzt beginnt das Dilemma. Frohburg liegt bereits hinter uns. Das Wasser im Glas sinkt und der so notwendige Spitzendruck fehlt. Mir wird klar, dass ich meine Feuerungstechnik nicht den Umständen angepasst habe. Nämlich beim Wechsel von dem leichten Brikett zur schweren Kohle.
Soyka hat sich die Szenerie bis hierher angeguckt: "Also, geh jetzt mal von der Schaufel weg, stell dich hierher, guck zum Fenster raus und pass auf, dass sie nicht schleudert." Ich trolle mich kleinlaut auf die rechte Seite und beobachte den alten Mann, 60 wird er sein, wie er es richtet. Ich staune Bauklötzer. In kurzer Zeit haben wir wieder Spitzendruck, die Speisepumpe zur Ergänzung des Kesselspeisewassers läuft schneller. Der Meister ist ganz gezielt vorgegangen: Erst fährt er mehrmals mit dem Stoßeisen auf dem Rost entlang, dann reißt er mit dem Zweizahn die obere Schicht auf. Dazu dünn gefeuert, es lebt von dem, was ich zu viel reingeknallt habe. Wir kommen stark in Narsdorf an, ich darf wieder in die Heizerecke, sitze dort ziemlich deprimiert, als der Hans nun zu mir sagt: "Da musst du noch ganz schön was lernen, mein lieber Peter."
Meinem Heizer später "etwas vormachen können", hatte ich eingangs getönt. Soyka hat genau das getan. Er hat die Karre aus dem Dreck gezogen, mir wäre es an diesem Tag nicht gelungen. Die beiden Fettbemmchen in meiner Brotdose nehme ich unberührt wieder mit nach Hause.

Am Haus 2 des Bw Karl-Marx-Stadt - Hilbersdorf Ende der 1960er Jahre. Rechts wartet eine 50er auf den nächsten Einsatz, dahinter 58 1042 mit voll bekohltem Tender. Diese Baureihe war zusammen mit den 44ern im schweren Güterzugdienst rund um Karl-Marx-Stadt im Einsatz.
Sammlung: Ronny Preußler

Ein Griesgram schenkt mir seine Sympathie

Ich verpasse den Moment des Abschieds und bleibe mit Selbstvorwürfen zurück

Frühjahr 1959. Es ist die Zeit, in der ich meine Belehrungsfahrten beginne. Lokführer Schulitz und Lokheizer Kienelt auf einer BR 58 sind "meine Begleiter". Die erste Tour steht an, ich melde mich vor Dienstbeginn in der Lokleitung. Die Lok steht bereits im Haus und ich kann so bei den beiden schon mal Punkte sammeln, indem ich ihre Arbeit erledige. Der erste Eindruck soll angeblich ein bleibender sein und auf meinem Weg zum Lokführer verdiene ich mir doch gern ein paar Vorschusslorbeeren.

Der Meister und sein Geselle betreten die Bühne, beide etwa zwischen 50 und 60 Jahre alt. Anwärter Bernhardt vermeldet, dass die 58 450 untersucht und abgeölt ist. Die beiden machen also nur noch Stichproben an meiner Arbeit, die ihr Job gewesen wäre. Sie klopfen mir auf die Schulter: "Kannst "Du" sagen, Junior." Für mich beginnt nun eine angenehme Zeit, die leider ein jähes, völlig unerwartetes Ende nimmt.

Los geht es. Wir haben einen Dg nach Oelsnitz im Erzgebirge zu bringen und Kohle zurück. Oelsnitzer Steinkohle, was sonst! Der Heizer macht seine Arbeit. Ich sehe zu, dass ich mit der Lok zurechtkomme und konzentriere mich auf meine Arbeit.

Lokführer Schulitz ist ein griesgrämiger alter Herr. Mit heruntergezogenen Mundwinkeln beobachtet er wortlos unser Treiben. Bis zur Einfahrt Oelsnitz habe ich die Sache halbwegs im Griff. Wir nähern uns dem Vorsignal, damals eine Kreuztafel, also nur ein Hinweis, dass hier eigentlich ein verbindliches Vorsignal stehen müsste. Ausgerechnet jetzt, im Augenblick höchster Konzentration, beginnt der wortkarge Schulitz plötzlich einen schmutzigen Witz zu erzählen. Gern würde ich Interesse für seinen Spaß heucheln, aber ich bin völlig mit dem Hauptsignal beschäftigt, das in einer Linkskurve steht und für den Lokführer erst spät sichtbar wird. Mittlerweile ist er bei der Pointe angelangt, fragt mich dazu irgendwas. Ich gebe leicht genervt, wie von ihm erhofft, die falsche Antwort. Er lacht schallend, "du Rindvieh, bist eben noch ein Greenhorn" und sagt, was die richtige Antwort gewesen wäre. Ihm zuliebe lache ich mit. Aber allein, dass er mich in dieser Form anspricht, sagt mir, das Eis ist gebrochen Vielleicht ist das ja seine Art der Sympathiebekundung.

Der Heizer blickt zum Fenster hinaus und sagt "gesperrt". Sicher hat er den Witz schon zigmal gehört. Es wird "frei" und wir fahren ein. Im weiteren Verlauf des Dienstes wird klar, der alte Herr mit dem verkniffenem Gesicht findet Gefallen an mir und meiner Arbeit.

Wieder in Karl-Marx-Stadt angekommen, lädt uns Kurt noch zur Einkehr nach “Bahnsteig 17” ein. Karl-Marx-Stadt hatte nur 16 Bahnsteige. “Bahnsteig 17” nannten wir die außerhalb gelegene kleine Mitropa- Gaststätte.

Der Heizer verabschiedet sich schnell, offenbar hat er “seiner Alten den Dienstplan aufschreiben müssen. 17.31 Uhr Feierabend - 17.58 Uhr zu Hause”, höhnt Schulitz. Aber ich bin noch frei. Ich kann kommen und gehen wann ich will. Das gefällt dem Kurt. Als ich ihn Tage später wieder einmal bierselig nach Hause schleppe, gesteht er mir mit nicht mehr so ganz leichter Zunge melancholisch: "Weißt du, du bist mir vom ersten Moment an ans Herz gewachsen. Und weißt du warum?" Ich schüttle verneinend den Kopf. "Du bist das Abbild meines Sohnes. Der

ist mit 28 vor paar Jahren an einer schweren Krankheit verstorben. Ja, du bist genau wie er", bekräftigt er noch einmal. Ich bin ein wenig hilflos, ob dieser Offenbarung, für die ich ja nichts getan habe und stammle betroffen ein paar Sätze.
Wir werden also dicke Freunde. Dafür nörgelt Kurt am Biertisch ständig an seinem Heizer herum: "Immer muss der gleich nach Dienstschluss heim und richtig feuern kann er auch nicht." Ich versuche das mir unangenehme Gespräch abzuwürgen: "Wir sind doch bis jetzt immer ganz gut gefahren." "Ach, erzähl doch nicht, musst ihn mal beobachten!" Am nächsten Tag begucke ich mir, wie Kienelt feuert. Schulitz hat Recht. Der Mann knallt die Feuerbüchse der empfindlichen 58er bis zum Stehkragen voll und wartet darauf, dass Dampf wird. Wir fahren von Glauchau nach Karl-Marx-Stadt. Volle Last, Fahrzeiten, die der Fuchs gemessen hat und so kommen wir in Wüstenbrand an: Schwach, ausgelaugt, gerade noch zehn Piepen und Schnippelwasser, 8 Minuten Fahrzeit zugesetzt, hart an der Grenze zur Klebe. Und noch ein Feuer drin, dass man mehrere Ochsen hätte braten können.
Aber ab Wüstenbrand geht es bergab und jetzt kann sich die Mühle nicht mehr beruhigen. Die Sicherheitsventile blasen wegen Überdrucks bei der Talfahrt ununterbrochen. Schulitzs Schnauze spricht Bände. Kienelt beweist einmal mehr, wie Recht sein Lokführer hat.
Bei der Fahrt nach Dresden, am nächsten Tag, bestimmt Schulitz, dass ich von Flöha nach Oederan fahren und feuern soll. "Zeig´s dem", flüstert er hinter vorgehaltener Hand. Er selbst steht auf der Tenderbrücke, beobachtet und greift nicht ein. Für mich ist das eine Nagelprobe. Fahren und feuern, wie soll das gehen? Aber Schulitzs Anweisung ist Gesetz. Die Hetzdorfer Brücke liegt hinter uns. Erwartungsgemäß zieht es in dieser Kurve mit der starken Steigung der Lok die Beine weg. Sie schleudert also, alle Achsen sind ja mit Kuppelstangen verbunden. Nun muss der Lokführer stabilisieren, Regler zu, Sand geben, Regler öffnen, behutsam, damit sie "steht". Gelingt es - der Sprung zur Schaufel, wieder paar Schippen rein. Was Schulitz mir hier abverlangt, ist die hohe Schule fürs Lokführerleben. Ich reiße mir den Arsch auf und Kienelt sitzt in der Ecke und spielt an der Speisepumpe herum. Den beiden scheint es zu gefallen. Da fällt mir wieder ein: "Dem Heizer etwas vormachen können!" Nach Oederan, hinter Block Memmendorf, ist der Berg zu Ende. Kienelt darf wieder an die Schaufel und Schulitz sagt laut: "Dem haste es gezeigt". Ich sage nichts, mir ist das Ganze eher unangenehm.
Wochen später passiert Folgendes: An einem Samstag gegen 18.15 Uhr, Anfang April des Jahres 1959, ist Dienstbeginn. Kienelt und ich sind fertig mit den Vorbereitungsarbeiten, warten auf Schulitz, Schulitz kommt nicht. Aufregung, "Scheiße, was ist los", wir bedrängen den Lokleiter, der auch nichts weiß - bis ein Anruf kommt: Kurt Schulitz ist auf dem Weg zum Dienst (beim Überqueren der Zeissstraße in Hilbersdorf an der Einmündung zur Frankenberger Straße) von einem Motorrad erfasst und schwer verletzt worden. Er liegt auf der Intensivstation. Kurt Schulitz stirbt zehn Tage nach dem Unfall im Krankenhaus in den Armen seiner Frau.
Bis heute kann ich mir nicht verzeihen, nicht noch einmal bei ihm am Krankenbett gewesen zu sein, ihm nur noch bei seiner Beerdigung das "letzte Geleit" geben konnte.

Die 44 031 steht um 1964/65 abfahrtbereit in Richtung Werdau auf dem Karl-Marx-Städter Hbf. Die Elektrifizierung der heutigen Sachsenmagistrale brachte schließlich das Aus für den Dampflokbetrieb.
Sammlung: Ronny Preußler (Foto: Steffen Donner)

44 1533 mit der damals üblichen Beflaggung (DDR-Fahne und rote Fahne der Arbeiterklasse) vor Dg 6805 aus Karl-Marx-Stadt in Döbeln Hbf, 1960er Jahre. Rechts im Bild ist das Schmalspurgleis nach Mügeln erkennbar.
Sammlung: Egon Kretschmar

Statt von Bahnhof zu Bahnhof, von Kneipe zu Kneipe

Ein Heizer, der nicht nur unter der Lok "ölt"

Durch Schulitzs Tod muss ein neuer Lehrlokführer für mich gefunden werden. Aber auf der BR 58 ist niemand frei. Kurzerhand entledigt man sich des Problems. Ich komme, obwohl ich erst 14 Tage auf der 58er absolviert habe, für die restlichen Belehrungsfahrten auf eine 44er zum Lokführer Gerhard Meiser. Gleich zweimal Grund zum Jubeln, pardon, denn das ist Schulitz` Tod geschuldet. "Auch so ist das Leben." Dieser Meiser, ein integerer Mann von höchstem Ansehen im Betrieb, dazu Heizer Heinz Reiche, ein Hallodri. Und ich charakterlich genau dazwischen. Es kann losgehen: Die Pferde sind gesattelt, der Löwe gereizt.

Ich führe mich vorbildlich bei Meister Meiser ein, will bei ihm gute Karten haben. Heizer Reiche und ich hingegen belauern uns erst mal argwöhnisch. Ich stoße mich an seiner plumpen Art eine 44er zu feuern, er stört sich an meinem Fahrstil. Meiser lässt uns, greift weder bei dem einen, noch bei dem anderen korrigierend ein.

Nach der 5. oder 6. Tour geht es diesmal nach Leipzig-Wahren. Noch bevor wir starten, wird mir klar: Reiche trinkt. Gegen 3.00 Uhr beginnt unser Dienst. Als wir uns im Kanal unter der Lok begegnen, er beim Abölen, ich beim Untersuchen, nimmt mir eine katastrophale Alkoholwolke den Atem: "Du hältst die Schnauze, das geht dich einen Scheißdreck an. In sechs Wochen ist hier Feierabend für dich. Schließlich ist das Meisers Problem, wenn er es merkt, aber vielleicht will er es ja gar nicht merken."

Gegen 6.30 Uhr stehen wir vis-à-vis der Bahnhofskneipe in Borna, die zu dieser Zeit bereits offen ist. Reiche meldet sich bei Meiser mit einem "Ich gehe bloß mal Zigaretten holen" ab und nimmt mich gleich mit. Am Tresen angekommen, verlangt er zwei Bier und zwei Zigaretten. Er schiebt ein Pils zu mir und steckt sich eine Zigarette an. Ich rauche nicht und das Bier gebe ich ihm zurück. Meine Vermutung bestätigt sich. Mit Restalkohol um 3 Uhr nachts zum Dienst erscheinen, vielleicht noch ein Kavaliersdelikt. Aber den Alkoholpegel bei der erstbesten Gelegenheit im Dienst konstant zu halten, und das um 6.30 Uhr, erscheint mir sehr bedenklich. Was ich da noch nicht weiß: Reiche holte sich nie mehr als fünf Zigaretten. Er nimmt diese Sucht als Vorwand, um seine zweite Sucht auch in der nächsten Bahnhofskneipe befriedigen zu können: "Gerhard, ich geh bloß mal Zigaretten holen . . ."

Reiche schüttet also die beiden Biere hinein und ich bin diesem Luzifer noch einmal mit den Worten: "Ich kann doch jetzt nicht mit einer Fahne auf die Lok kommen, wo wir doch bloß Zigaretten holen wollen", entkommen. Das geht so lange gut, bis Meiser nach etwa drei Wochen von seinem Lehrlokführerposten wegen der Berechnung einer neuen Fahrgeldvergütung für das Lokpersonal für die nächsten Wochen abberufen wird.

Den Pseudokommunisten war es wieder mal vom Hintern in den Kopf gestiegen, etwas fürs arbeitende Volk zu tun. Das Resultat der Neuberechnung bescherte uns am Monatsende 30 Pfennige mehr in der Lohntüte. Der Aufwand, mehrere Lokführer zur Neuberechnung einige Wochen abzustellen, hatte sich also richtig rentiert. Für die Abgestellten wurde in dieser Zeit Durchschnittslohn gezahlt, versteht sich. Das war sozialistische Planwirtschaft - Ergebnis bekannt.

Die 44 1182 mit einem Güterzug aus Richtung Freiberg am 03.08.1963 unweit von Kleinschirma aufgenommen. Zusammen mit der 58er war diese Baureihe im schweren Güterzugdienst auf der heutigen Sachsenmagistrale zu sehen. Foto: Günter Meyer

Für mich stellt sich wieder einmal die Frage: "Was wird nun aus mir? Muss ich wieder von der 44er weichen und womöglich meine fehlenden 58er Fahrten nachholen?" Nichts davon. Ich bleibe und der Wildfahrer (also U+K Vertreter) Rudi Reusch bekommt die Vertretung für Gerhard Meiser. Den kenne ich bereits. Reusch ist wie Reiche und Meiser um die fünfzig, ähnelt charakterlich eher dem Lotterbuben Reiche.

Auf geht es also mit Hallodri auf einem "Bello". Ein Kohlefresser und Heizertod, die Schöne unter den Dampfrössern. Allenfalls geeignet, um Nostalgiker zu blenden. Wir alle waren ehrlich erleichtert, als im Jahr 1965 die ersten, im sowjetischen Lugansk gebauten Diesellokomotiven der BR V 200 auftauchten. Keiner, weder Lokführer noch Heizer, letztere schon gar nicht, weinten der 44er auch nur eine Träne nach. Wobei man der Fairness halber bemerken muss, dass es unter DDR-Bedingungen äußerst schwierig war, ein Feuer zu schüren: Weder Braunkohlebriketts, noch Oelsnitzer Steinkohle (2/3 davon war nur Gestein), geschweige denn der Donezk-Kies eigneten sich zum Einheizen. Konnten wir den Tender mal mit Ruhrkohle oder Oberschlesischen Faustpinseln (Stückkohle) laden, sah die Sache gleich ganz anders aus. In diesen Genuss kamen wir nur bei Militärzügen oder wenn wir FDJler in Güterwaggons zu den Weltfestspielen nach Berlin karren mussten. Aber im gewöhnlichen Arbeitsalltag konnten wir von dieser hochwertigen Feuerung nur träumen.

Ich bin nun dem Reusch und dem Reiche auf Gedeih und Verderb ausgeliefert. Mit meinen 20 Lenzen habe ich den Bock mittlerweile ganz gut im Griff und es bleiben freie Spitzen, um die beiden zu beobachten. Reiche säuft und Reusch hält mit.

Eine dieser Sauftouren beginnt gegen 3.00 Uhr morgens in Hilbersdorf. Wir bringen, noch nüchtern, einen Güterzug nach Dresden-Friedrichstadt. Dort haben wir von 9.00 Uhr bis 15.00 Uhr Pause. "Übernachtung", heißt das, wird jedoch nicht mal bezahlt. Freizeit also und das heißt Freiheit und die nehmen sich Reusch und Reiche denn auch. Aber diesmal will ich mithalten. Wir kommen an und Reusch legt sich als erstes mit dem Lokleiter an, weil der nicht über ein 3-Bett Zimmer verfügt. "Sag mal, sollen wir übereinander schlafen oder was, wir sind doch nicht schwul!", höre ich ihn herumpöbeln. Von "wieder zurückfahren, wenn nicht jeder sein Bett bekäme", ist die Rede. Ich weiß, das ist nur Blabla. Wir begeben uns also zu dritt in das 2-Bett-Zimmer, zum Schlafen war gegen 9.00 Uhr morgens sowieso keiner von uns angereist. Aus der Kantine, die sich im Erdgeschoss des Gebäudes befindet, werden erst einmal 10 Flaschen Bier "0,33 l" geholt. Die sind schnell "umgefüllt" und Reiche singt bereits "La Bella Tangolitta aus Santa Fe", Reusch und ich toben. Reiche hat Talent, da sind wir uns einig. Die im Nebenzimmer toben auch, aber weil sie nicht schlafen können. Frohnaturen sind das nicht. Als ich zum vierten Mal mit der Tasche nach Bier in die Kantine gehe, habe ich keine Schuhe an und stehe in Socken am Tresen. Mein lieber Mann. Die Fuhre wird nach Hause gebracht, wie weiß ich nicht, aber wir waren offenbar ohne Zwischenfälle durchgekommen. Ende gut, alles gut? Nicht mit Reiche. Der kommt jetzt auf die geniale Idee im Knast übernachten zu wollen. Ich wehre mich gegen diesen seltsamen Vorschlag, zeige mich dann aber einsichtig und gehe mit zum Kaßberg. Vorher hatten wir uns noch 500 Gramm geräucherte Sprotten gekauft, die wir jetzt auf der Treppe der Haftanstalt "Hohe Straße" in Karl-Marx-Stadt verzehren. Wachleute werden aufmerksam, fragen nach unserem Begehr. "Es ist gerade keine Zelle frei für euch zwei Spinner." Wir beide ziehen unverrichteter Dinge ab. Wir beenden den Tag so wie er begonnen hat, bei eins, zwei, drei Bierchen in irgendeiner Kneipe.

Am Pfingstsonntag 1960 sollen wir dienstlos, also als "Fahrgäste" nach Dresden fahren. Aber sonntags verkehrt der Triebwagen, dieser "Blechzug" um 11.00 Uhr nicht. Wegen der Feiertagsregelung haben wir bereits gegen 7.00 Uhr Dienstbeginn und laufen zum Haltepunkt Hilbersdorf, um mit dem Personenzug nach Dresden zu kommen. Reiches Tasche beulen drei "Ampeln". Da ich nicht will, kippen sie die drei Pils ohne meine Hilfe, sozusagen ihr erstes Frühstück. Nach unserer Ankunft gegen 9.30 Uhr in Dresden, haben wir jede Menge Zeit, um nach dem Bw Friedrichstadt zu kommen, um dort unsere Lok zu empfangen.

Gegen 14.00 Uhr müssen wir uns beim Stellwerkswärter, zu unserem Zug, der 14.50 Uhr etwa abfahren soll, abmelden.

Es ist herrlichstes Pfingstwetter und auf dem Weg zum Bw kehren wir in einen Biergarten auf der Prager Straße ein. Ein alter Herr vom Nebentisch spendiert eine Runde nach der anderen. Ich nippe vorsichtig an einem Bier, kippe die Schnäpse unauffällig in einen Blumenkübel und langweile mich lange drei Stunden. Das Niveau der Gespräche ist längst vom Alkohol verdünnt. Endlich ziehen wir los. Das heißt Reusch und Reiche schwanken los. Im Bw wird entschieden, dass ich den Lokschlüssel vom Lokleiter holen muss, damit dieser nicht stutzig wird. Artig melde ich mich bei diesem und bekomme die Schlüssel der 44 526 anstandslos ausgehändigt. Hier habe ich die beiden Saufbrüder das erste Mal gerettet, denn von denen hätte keiner die Lokschlüssel vom LL bekommen. Transportpolizei und Blutprobe wären fällig gewesen.

Das Ding ziehe ich ganz alleine durch, denke ich mir. Wir besteigen die Lok, der Reusch nicht ganz so voll wie der Reiche, den wir mit vereinten Kräften nach oben schieben. Dort angekommen, fällt Reiche auf den Heizersitz und vornüber auf den "Bosch-Öler". Tja, der ist aus dem Rennen. Reusch Rudi lallt: "Zeig mal was du gelernt hast, Junge, und mach mal". "Von dir hab ich außer Saufen bis jetzt nicht viel lernen können", denke ich.
Ich will gern zeigen, was ich drauf habe. Und zwar mir und nicht diesen beiden Gammlern. Als erstes verjage ich Reusch vom Schaufelblech des Tenders, mache das Feuer breit und fahre an den Zug. Rechtsseitig kann ich alles gut einsehen, bin darauf bedacht, dass die beiden nicht unnötig auffallen. Alles bestens, wir verlassen Friedrichstadt. In Dresden-Altstadt, Freital-Potschappel und Freital-Hainsberg sind Wagen aufzunehmen. Bis Tharandt ist die Fuhre so etwas wie ein Rangierzug. Kaum sind wir in Tharandt angekommen, sind die beiden plötzlich weg. Wohin? In die Bahnhofskneipe, die auch am Pfingstsonntag ihre Pforten geöffnet hat. Ich kippe, diesmal allerdings nüchtern, fast aus den Latschen. "Da lassen mich die zwei Drecksäcke rammeln und machen aus ihrem Dienst eine Kneipentour." Außer mir, sage ich dem Reiche bei seiner Rückkehr, was jetzt Sache ist: "Es geht los hier, verdammt noch mal! Der Berg ist 11km lang, teilweise 1:38 Steigung, wir haben 490 Tonnen am Haken! Zu wenig um eine "Schiebe" zu bekommen aber genug, bei dieser Leine, alles Leerwagen, kleben zu bleiben. Wer saufen kann, muss auch seine Arbeit machen können!" brüllte ich. Bis Tharandt hatte ich alles selbst gemacht. Jetzt kommt die Steigung, ich denke nicht dran, die Schaufel noch einmal anzufassen. In Klingenberg-Colmnitz sind die Wogen geglättet, wir schaukeln das Ding nach Hause, ich bin wieder versöhnt.
Meiser kommt zurück und aus den Sauftouren werden wieder Belehrungsfahrten. Aber nach dem Dienst tranken wir manchmal ein Bierchen zusammen, der Reiche und ich. Später, ich bin längst Lokführer und Reiche mittlerweile im kleinen Dienst, treffen wir uns an einem schwülen Sommerabend in der Garderobe. Reiche ist bei Lokführer Czernig im 86er Plan. Meiser war leider früh verstorben. "Komm her Junge, rieche und koste mal", fordert er mich mit seiner Kaffeeflasche in der Hand auf. Ich rieche nur: Schnaps in der Thermoskanne, gerade Dienstende und nur noch ein kleiner Rest drin. Trotzdem kehren wir zum Feierabend noch ein und lassen die gemeinsame Zeit Revue passieren, natürlich verklärt vom Bier. Einige Zeit später kündigt Reiche bei der DR und geht zum "VEB Modul" als Werklokführer. Wahrscheinlich erkennt man dort seine säuferischen Talente sehr schnell und plötzlich ist er wieder bei der Bahn. Aber nicht wie vermutet als Heizer, sondern als Blockwärter in Grüna. Wenn ich vorbeifahre und er erkennt mich, fällt er immer vor Freude fast aus dem Fenster. Doch dann ist er plötzlich wirklich weg, sozusagen vom Blockfenster und ich habe nie wieder etwas von ihm gehört.

Besser wissen heißt nicht immer besser können

Mein Konflikt mit einem Fehlerlosen

Eigentlich hätte ich mit Putzmüller an diesem Tag ab 18 Uhr Bereitschaft gehabt. Aber am Nachmittag flattert ein Zettel vom PLL ins Haus, eine "Dienstliche Benachrichtigung". Ich soll 17.25 Uhr den Dienst für den erkrankten Liebers übernehmen. Das bedeutet, ich muss mit dem

gefürchteten Heizlehrer Harald Weihrauch fahren. Mit Liebers selbst verband mich eine gemeinsame Lehre und darüber hinaus ein mittlerweile schon freundschaftliches Verhältnis. Zumindest, wenn wir uns treffen, stecken wir die Köpfe zusammen und erzählen uns die neuesten Schoten. Privat aber macht jeder Seins. Dennoch war ich sehr betroffen, als er sich wegen privater Probleme 1987 das Leben nahm.
Seine Frau, eine lebenslustige und aufopferungsvolle Krankenschwester, war etwa 4 Jahre vorher verstorben. Einer der beiden Jungen aus dieser Ehe war geistig behindert und lebte in einem Heim im Vogtland. An den Wochenenden hätte er nach Hause gedurft, aber die "Neue" von Liebers wollte das nicht. Grund für ihn, die Beziehung zu beenden. Sein großer Sohn war bereits ausgeflogen, der Kleine mittlerweile vierzehn und autistisch und Liebers Mutter ein Pflegefall. Da ist nicht viel Platz für Lebensfreude. Er verfiel zusehends dem Alkohol und zog 1987 einen Schlussstrich.
Pünktlich mache ich mich auf die Socken, will gern vor Lokführer Weihrauch an der Lok sein. Als er kommt, stelle ich mich vor. "Hast du schon mal eine 22er gefeuert?" "Nein. Aber ich habe in Hilbersdorf auf 44er Lokomotiven schon Dienst gemacht", erkläre ich kleinlaut. "Pah! Das sind nur Kohleneinschmeißer, die mit den Beinen auf dem Steuerbock (der Lokführer) oder dem Boschregler (der Lokheizer) herumlümmeln. Die glotzen doch nur auf den Überholungsgleisen der Bahnhöfe den Schnellzügen hinterher." "Mein lieber Mann, das ist starker Tobak!"

Die 22 028 durchfährt im September 1967 mit einem Eilzug nach Karl-Marx-Stadt den Hp Engelsdorf-Werkstätten. Wie man sieht, ist die "Neigetechnik" bei der Eisenbahn nicht erst eine Erfindung unserer Tage.
Foto: Dieter Wünschmann

Entschlossen meint Weihrauch: "Ich geh mal in die Lokleitung fragen. Vielleicht haben die ja doch noch ´nen Heizer, der bisschen Ahnung auf ´ner 22er hat." Ich habe mir nichts vorzuwerfen, bin aber ziemlich deprimiert. "Es ist niemand da, ich muss dich nehmen" tönt er als er zurückkommt. Statt seinen Job zu machen, kontrolliert er meine Arbeiten, die ich vor seiner Ankunft erledigt habe. Er findet nichts, was er beanstanden könnte. Ich bin froh. Dabei geht es hier nur um die Beförderung eines popligen Personenzugs nach Leipzig, gerade mal 70 km weit. Zurück übernehmen wir dann den Postzug. Das "Neue Deutschland" muss in aller Herrgottsfrühe in Karl-Marx-Stadt sein. Die Leser sollen den morgigen roten Schleim, der sich vom gestrigen nicht unterscheidet, auch pünktlich zum Frühstückskaffee auf dem Tisch haben.
Lehrlokführer Weihrauch ist einer der wenigen, der seine Anwärter mit "du" anspricht, selbst aber "gesiezt" werden will. Das weiß ich von Liebers. Kann er haben, dieses arrogante . . .
Wir starten und ich feure sehr dünn und vorsichtig, will nicht als "Kohleneinschmeißer" gelten. Dadurch kommen wir nach der Bergfahrt von Karl-Marx-Stadt in Wittgensdorf etwas schwach an - 13 atü (bei 16 atü Spitzendruck) und Schnippelwasser. Die Talfahrt steht bevor und ich will das Feuer wieder aufbauen. Hinter Cossen muss dann gezogen werden. Wir haben nicht mal eine Minute zugesetzt, aber jetzt will es mir der Weihrauch zeigen. Während der fünf Minuten Aufenthalt in Wittgensdorf, wegen Kreuzung, greift er zur Schaufel und setzt ein derartiges Ding rein, als ob wir mit einer 44er und Höchstlast den Tharandter Berg angehen müssten. "Ein Vollidiot, der Herr Heizlehrer", mit Verlaub gedacht: Den Zug kurz aus dem Bahnhof gezerrt, Regler zu, Spitzendruck, Wasser gezogen. Bahnhof Burgstädt das gleiche Spiel, immer noch Talfahrt bis Cossen. Nun reicht´s langsam - die Bude voll Wasser bis in die Pfeife und Spitzendruck, da frage ich natürlich: "Herr Weihrauch, was soll ich jetzt machen?" "Musst sie halt mal abblasen lassen", entgegnet er in sanftem Ton, was bedeutet, dass der Überdruck jetzt über die beiden Kesselsicherheitsventile entweicht. Vorsichtig lege ich ein kleines Grundfeuer für die Bergfahrt nach Narsdorf an. Die 22er kotzt gnadenlos beim Öffnen des Reglers hinter dem Göhrener Viadukt. "Kotzen" bedeutet hier, Überreißen von Wasser aus dem Kessel in die Zylinder wegen des zu hohen Wasserstandes im Kessel. Selbstverständlich ist das brandgefährlich, weil sich Wasser, im Gegenteil zu Dampf, weder ausdehnen noch zusammendrücken lässt. Beim Überreißen ist es schon vorgekommen, dass Kolbendeckel davonflogen oder Kolbenstangen verbogen wurden. Das waren aber eher die Extreme. In der Regel ging das Wasser, wenn es dann doch noch mit Dampf vermischt war, den gleichen Weg wie der Abdampf durch den Schornstein. Wenn man dann noch, wie jetzt der erfahrene Heizlehrer Weihrauch die luftgesteuerten Zylinderhähne der 22er öffnet, kann fast nichts mehr schief gehen. Das Wasser dringt aus den Zylindern nun auch ins Freie. Der bis zum äußersten verstärkte Auspuff macht das Feuer kaputt. Das dünne Feuerbett wird nach vorn an die Rohrwand gerissen und über den Aschkasten wird die kalte Luft eingesaugt und zieht den Dampfdruck nach unten. Dafür würde ich jetzt gern Dampf ablassen, halte mich aber zurück. Auch Weihrauch zieht es vor nichts zu sagen und ich kriege mich allmählich wieder runter. Aber noch ist der Dienst nicht zu Ende. Ab Narsdorf geht es im Gefälle bis Leipzig. Ich kenne die Strecke zwar nicht, aber der Weihrauch sagt mir, wenn wieder mal ein kurzes Stück gezogen werden muss. Ansonsten setze ich mich mit jeweils einer halben Pobacke, auf den wohlgemerkt hochgeklappten Sitz der 22er. Weihrauch

fährt auch im Stehen und da traue ich mir natürlich nicht, mich richtig zu setzen. Wir pausieren in Leipzig-Süd, die großen Lager hatte ich bereits nachgesehen. Der Stellwerkswärter weckt uns, als die Abmeldezeit zum Postzug ran ist. Noch halb verschlafen geht es wieder los. Wir haben gute Kohle, zwar große Brocken dabei, aber die kann man ja als gelernter Güterzugheizer in den hinteren Ecken rechts und links in der Feuerbuchse verstecken. Tja, im schweren Güterzugdienst hat das geklappt, hier bei dem Geschnüffel mit den fünf Postwagen am Haken natürlich nicht. Der Weihrauch beäugt mich argwöhnisch, als die Dinger von Cossen nach Burgstädt, immer noch nur halbverbrannt in den Ecken liegen. Er kann jetzt zu Recht den Profiheizer rauskehren. Seinen Lapsus vom vergangenen Abend erwähnt er jedoch nicht. Als wir mit der Lok dann nach dem Ausschlacken am Wasserkran stehen, passiert mir wieder so ein scheußliches Ding. Weihrauch ist in die Lokleitung gegangen, ich stehe am Wasserkran und will den abdrehen, wenn voll ist. Da knallen die Sicherheitsventile genau vor der Lokleitung. Ich hätte mich in den Arsch beißen können. Wieder beißende Vorwürfe von Weihrauch, als er zurückkommt. Das die Ventile auf sein Geheiß und seiner bekloppten Feuerungstechnik am Vorabend 15-20 mal zwischen Burgstädt und Cossen geblasen hatten, das war legitim oder vergessen, wie man es sehen will. Es bleibt dabei, ein Riesenarschloch, dieser Typ. Nun stehen wir endlich mit dem Bock im Haus in Kalle Malle. Weihrauch ist zum Werkmeister gerannt, irgendwas hat die Mühle. Ich gehe noch mal ringsherum, putze die Lampen und stecke mir dabei die allererste Zigarette während dieses Dienstes an. Da kommt doch der Weihrauch wieder und sieht mich rauchen, sagt aber nichts. Laut Dienstplan müssen wir jetzt die Erfurter, die ebenfalls mit einer 22er von dort nach Karl-Marx-Stadt kommen, ablösen und deren Lok restaurieren. Die haben dann zwei Stunden Pause bei uns. Als die Thüringer an der Bekohlungsanlage angekommen sind, stehen wir zur Ablösung bereit. Aber die wollen das gar nicht. Auf der Lokomotive herrscht das blanke Chaos. Sage und schreibe 6 atü Druck haben die auf dem Kessel, im Führerstand sieht es aus, als hätte eine Bombe eingeschlagen. Dabei sind die aber ab Wüstenbrandt bergab gefahren, nicht auszumalen, wie sie dort angekommen sind. Auch Weihrauch guckt mehr als erstaunt. Zu allem Überfluss jammert der Lokführer noch etwas von einem heißen Treibstangenlager. Der Heizer aber sagt zu mir: "Haste mal paar Putzlappen, dann kannste gehen, wir können hier heute sowieso keine Pause machen." Nie wieder habe ich jemandem so schnell so viele Putzlappen besorgt, wie an diesem Tag dem Erfurter. Als ich diese bringe, ist der Weihrauch auf der rechten Seite beschäftigt und ich passe gut auf, dass er mich nicht erst noch mal greifen kann. Der Dienst ist laut Plan sowieso schon zu Ende. Geduscht und rasiert schlendere ich dann etwa eine Stunde später am Rundheizhaus des Bw Hbf der elterlichen Wohnung zu. Und wem begegne ich da? Dem Weihrauch. Ich mit der Aktentasche unterm Arm auf dem Heimweg, er mit der Lagerschale des heißgelaufenen Treibstangenlagers von diesem thüringischen Mistbock unterwegs zum Ausgießen in die Werkstatt. Weihrauch läuft innen, ich außen. Ich kann ihn sehen, er mich nicht. Ich geduscht und rasiert in Uniform, er dreckig und in Arbeitsklamotten. Leise Zweifel an seiner Zurechnungsfähigkeit waren mir ja am vorherigen Abend schon gekommen, jetzt fühle ich mich bestätigt. Im Dienste des Sozialismus . . . Was er da gerade über den Dienst hinaus zum Nulltarif macht, dafür sind andere zuständig und werden dafür bezahlt. Es ist Sache der Werkstatt, kaputte Lokomotiven zu reparieren oder die

der Lokleitung für eine Ersatzlok zu sorgen.
Einige Tage später ist Liebers wieder gesund und wir treffen uns zufällig. "Na, hat Weihrauch etwas über mich gesagt?" "Ja. Du würdest nur auf dem Sitz rumlümmeln, an der Pumpe rumspielen (gemeint war die Speisepumpe) und Zigaretten rauchen." "Na ja, du fährst ja nun schon ´ne ganze Weile mit ihm, das kommentiere ich nicht", meine Entgegnung.

Paganini und der Knochengott

Wie sollte man mit einer Lok nicht verfahren: Eine Anleitung für Lokführer und Heizer

Wenige Tage nach meiner Rückkehr vom "Schnellzugfahrerbahnbetriebswerk" erkrankt Kollege Adler vom Plan 4 und ich bekomme die Vertretung auf der 44er beim kleinen, netten Herrn Schulte, Kurt, älteres Semester. Der gebürtige Chemnitzer ist ein umgänglicher Mensch und ein erfahrener Lokführer, von dem ich mir für meinen künftigen Job schon so manches abgeguckt habe. Für uns beide ist an einem kalten Februarmorgen 1961 gegen 3.00 Uhr Dienstbeginn. Mit dem Dg 7043 soll es nach Leipzig-Wahren gehen. Ein sehr langer Dienst, bei dem wir auf der Rückfahrt in Borna bei Leipzig planmäßig abgelöst werden sollen. Wie immer bei diesen nächtlichen Anfangszeiten erscheine ich auf die letzte Minute. Der Lokleiter kracht mir die Schlüssel der 44 039 mit den Worten aufs Brett: "Geht morgen ins RAW und steht auf dem Reservekanal, aber verkehrt herum. Ihr müsst nach dem Hauptbahnhof drehen fahren, unsere Drehscheiben sind beide ohne Strom." Noch müde und überfordert von so viel Information nicke ich nur ab. Aber dann dämmert es. "Oh nein!" Das wird wieder so´ne Fuhre wie damals mit Heumann. Heute haben wir aber nicht so eine Wärmflasche wie die 94er mit einem Rangierzug, sondern mit einem 44er Bello einen Dg zu befördern.
Aber mit Lokführer Schulte wird sich auch die unangenehme Fuhre angenehm überstehen lassen. Der wartet schon und begrüßt mich im Melderaum mit einem Augenzwinkern, während er zwischen den Dienstplänen herumwuselt. Wir gehen gemeinsam zum Reservekanal an die 44 039. Und hier noch mal die Zusammenfassung aller Mängel und Widrigkeiten bereits vor der Abfahrt:
Den Bock statt im warmen Rundhaus bei Mistwetter und Temperaturen um den Gefrierpunkt im Freien untersucht und abgeölt; zur Ölausgabe mit den leeren Kannen gelaufen (Öl holen ist Sache des Vorgängers); nur eine Ersatzschaufel auf der Lok, deren Blatt halb so lang ist wie an einer genormten und völlig ausgefranst; noch dazu Schlüssel für die Rüstkammer in der LL geholt; Schaufel entnommen; Schlüssel zurückgebracht; Rohrlaufen (Stehkesselrückwand undicht); Wasser läuft in die Feuerbuchse; Hilfsbläser zieht nicht.
Das wir mit unserer Vorbereitungszeit von 60 Minuten unter diesen Bedingungen nicht auskommen ist klar. Obendrein müssen wir noch zum Bw Hauptbahnhof zum Drehen fahren und zurück an unseren Zug nach Hilbersdorf - weiterer Zeitverlust.
An der Ausfahrt Hilbersdorf will ich die Schlusslampe vorn Rot abblenden, prompt geht die rote Klappscheibe entzwei. Ich gebe dem Fahrdienstleiter Bescheid, dass er uns ausnahmsweise mal ohne rot abgeblendet die zwei Kilometer zum Hauptbahnhof fahren lassen soll. Wir sind

wieder vom Drehen zurück und kommen schließlich mit einer satten Verspätung von 90 min zur Abfahrt.
Der Bf Küchwald liegt hinter uns, der Anstieg nach Wittgensdorf steht bevor. Nun müssen wir auch noch feststellen, dass eines der beiden Kesselsicherheitsventile schon bei 14,5 atü Dampfdruck abbläst. 16 atü sind normaler Weise Höchstdruck. Es fehlen also von vornherein 1,5 atü. Das geht wieder auf das Konto unserer Vorgänger. Die Schlampen hätten die Karre zur Reparatur stellen müssen und Öl holen sollen.
Mehr schlecht als recht kommen wir in Narsdorf an, nun geht es erst mal nur noch bergab. Ich friere, will es mir in der Heizerecke gemütlich machen und deshalb das große Schiebefenster zuziehen. Da passiert das nächste Malheur. Das Fenster springt aus der Führungsschiene, schlägt beim Fallen mit der oberen Kante das vordere Fenster kaputt und kracht mir fast auf die Füße. Die Scherben des vorderen Fensters fallen nach draußen. Ich setze das schwere Schiebefenster wieder ein und kann mich nun entscheiden, will ich die eisige Zugluft von vorn oder von der Seite. Mittlerweile ist es hell. Wir restaurieren unsere Lok im Wende-Bw. Da wir unsere Pause in Wahren dem Ausgleichen der Verspätung geopfert haben, fahren wir pünktlich in Richtung Heimat los. Allerdings müssen wir bis Borna bei voller Last ganz schön ziehen, kommen dort aber noch stark (halbes Glas Wasser, fast Spitzendruck, 14,5 atü wohlgemerkt) an. Nur das Feuer ist wegen der miesen Kohle etwas verschlackt. Ab Borna bis Karl-Marx-Stadt geht es nun fast nur noch bergauf, aber damit muss sich unsere Ablösung herumquälen. Am Bahnsteig steht Lokführer Willy Kadlec, mit Spitznamen "Paganini der Stehgeiger". Den hat er sich verdient, weil er Handschuhe bei der Arbeit trägt. Das gilt als Fauxpas in unserem Berufsstand. Wer Handschuhe auf der Dampflok trägt, hat weder Gefühl für den Regler noch für die Schaufel. Auch sein Heizer Erwin Hoym scheint wie geschaffen für einen spöttischen Titel. Der spindeldürre, hohlwangige aber kernige und zähe Mittfünfziger, sieht Gevatter Tod recht ähnlich: Erwin, genannt der "Knochengott".
Um diese Zeit fährt kein Personenzug nach Karl-Marx-Stadt, also bleiben wir beiden Abgelösten mit auf der Lok. Der Schulz steht auf der Tenderbrücke hinter Kadlec und ich sitze mit dem Rücken zur Stehkesselrückwand auf dem Bosch-Öler, lasse die Beine baumeln und klappe dem Hoym die Türe beim Feuern. Jetzt ist es endlich mal warm. Beim Ablösen habe ich ihn eindringlich vor der Mistkarre gewarnt, aber da wir stark angekommen sind, wird er sich gedacht haben: "Was der Rotzer kann, kannst du schon lange". Wahrscheinlich lässt er es deshalb ausgesprochen gemächlich angehen, was sich jedoch bald ändert. 14,5 atü sind bei dem Trog Spitze, aber die weist das Kesseldruckmanometer nun nicht mehr aus. Der Zeiger geht langsam aber unaufhaltsam nach links. Zum Nachspeisen von Kesselwasser kommt der Knochengott jetzt nicht mehr. Vermutlich macht er nun genau das Falsche. Er haut die Feuerbuchse randvoll und rührt nur noch mit dem Zweizahn da drin herum. Durch Frohburg haben wir mit Ach und Krach Schnippelwasser, 12 atü Dampf und bis Narsdorf ist es noch weit. Ich bin längst von meinem warmen Sitz heruntergekommen und hole dem Hoym mit der beschissenen Ersatzschaufel die Kohlen von der "Hungerplatte". So nennen wir die Schräge des Tenders, wenn dieser langsam leer wird und die Kohlen nicht mehr nachrutschen. Allein springt man dann wie ein Eichhörnchen hin und her. Feuern, raus auf den Tender, Kohlen herunterho-

len, wieder feuern usw.
Es sieht trübe aus und an der Blockstelle Wickershain ist das Wasser weg. Mein Lokführer schaut besorgt zu mir und ich zu ihm. Der Knochengott gebärdet sich wie ein Wilder und der Stehgeiger bekommt gar nichts mit, weil er sein ergrautes Haupt in den Fahrtwind steckt: Keine Mütze auf der Birne aber Handschuhe an den Pfoten und nicht wissen, was im Führerstand los ist - da kann man sich was abgucken.
In Narsdorf natürlich Durchfahrt und endlich hängt der Hoym den Injektor zum Nachspeisen dran. Kurt und ich, wir fühlen uns wie auf einem Pulverfass. Hätten wir bloß in Borna auf den Personenzug gewartet! Aber es kommt noch toller. Kurz vor der Cossener Brücke, das Wasser schnippelt Gott sei Dank wieder im Glas, aber Dampf haben wir nur noch 10 atü, da bekommt Paganini endlich mit, was Sache ist. Mit Blick auf das Manometer fragt er vorwurfsvoll seinen Heizer: "Na Erwin, wie sollen wir denn jetzt den Berg hochkommen?" Das wirkt wie ein Stich ins Wespennest. Der geschundene Hoym, ein Prolet vom Scheitel bis zur Sohle, lässt eine Schimpfkanonade auf den Kadlec niederprasseln, dass ich meinen Ohren nicht traue: "Menschenschinder, Leuteschinder, Heizerschinder" und ein paar andere Schimpfworte, die auch mir bereits geläufig sind. Kadlec zeigt sich unbeeindruckt und öffnet den Regler. Vermutlich ist es nicht der erste Wutausbruch des Hoym. In Cossen ist Durchfahrt auf dem Hauptgleis angezeigt. Bei der Vorbeifahrt brüllt der Kadlec dem Fahrdienstleiter "Dampfmangel" zu und macht an der Ausfahrt fest. "He, ihr könnt nicht im Hauptgleis stehen bleiben!" schreit der Stellwerkswärter aus seinem Fenster zurück (das war damals in Cossen das einzige Bahnsteiggleis). "Setzt nach Gleis drei um und sagt Bescheid, wenn ihr wieder bei Kräften seid." Was jetzt geschieht verschlägt mir die Sprache. Paganini zieht den Zug an. Durch den Auspuff der Lok, der Knochengott hat ja noch ein gnadenloses Ding drin, steigt der Dampfdruck langsam wieder. Plötzlich hat Paganini offenbar vergessen, das er nur umsetzen soll. Das Ausfahrsignal hinter uns ist zum Glück noch auf "Fahrt frei", der Fahrdienstleiter hatte die Fahrstraße noch nicht aufgelöst und so konnte auch der Stellwerkswärter das Signal noch nicht zurücknehmen. Wir schleppen uns nach Burgstädt hoch, Kurt und ich können wieder nur die Köpfe schütteln. Dort auf dem Überholungsgleis angekommen, steigt mein Lokführer bedient in einen Personenzug nach Karl-Marx-Stadt um. Paganini geht zum Fahrdienstleiter und muss dort offenbar einiges erklären. Wir, der Hoym und ich haben also jede Menge Zeit, schlacken erst mal ordentlich aus und ich muss mit dem Zug dreimal rücken, damit der Dreck aus dem Aschkasten fallen kann. Die Belehrungsfahrten liegen bereits hinter mir und ich traue mir zu den Regler ohne Aufsicht zu öffnen. Mittlerweile ist der Kadlec sichtlich erleichtert eingetroffen. Bis in den Heimathafen Hilbersdorf läuft es nun problemlos. Diesmal ist es für Paganini und Knochengott noch glimpflich abgegangen. Aber einige Monate später bekommt der Heizer wieder mal einen Rappel, diesmal schon in Frohburg: Er stellt mit entsprechenden Gesten und Worten dem Kadlec die Schaufel in die Lokführerecke und geht in den Sitzstreik. Feuert nicht mehr, zieht nur noch Wasser. Der Kadlec muss sich gesagt haben "Das kannst du auch" und nimmt ebenfalls Platz. An der Einfahrt Geithain, strenge Steigung vor dem Bahnhof, haucht der Bello mit 6 atü aus. So provoziert, ist die Klebe perfekt. Nun will der Kadlec einen anderen Heizer haben. Der kommt dann auch nach geraumer Weile, währenddessen eine Ersatzlok den Zug in den Bahnhof

gezogen hat, aber in Gestalt unseres Alten, der den beiden einheizt. Den Parteisekretär (Kadlec ist Genosse) hat er gleich mitgebracht.
Eine Schande für unseren Berufsstand, diese zwei Säcke. Wenn schon Knochengott nicht ganz zurechnungsfähig ist, hätte eben der Stehgeiger zum Löffel greifen müssen. Aber wahrscheinlich kann er das gar nicht mehr.
Beide haben jedoch nicht umsonst gestreikt: Der Hoym geht für ein Jahr auf den Ausschlackkanal. Genosse Kadlec wird auf unbestimmte Zeit aufs Land abgeordnet, um private Bauern zum Eintritt in die LPG zu bewegen. Die Kampagne läuft gerade und man kann an diesem Beispiel sehen, welchen Stellenwert die "mittleren Kader" der Aktion geben. Mit der Sachkenntnis eines Lokführers, auch wenn diese sehr bescheiden ist, sicher der richtige Mann am richtigen Ort. Wie soll einer, der nicht mal vermag seinen Heizer zu motivieren, Bauern überzeugen. Vielleicht hat er ja beim Auftritt in den ländlichen Stuben die Handschuhe ausgezogen und die Mütze aufgesetzt...

Übers Ziel geschossen und trotzdem angekommen

Eins und drei macht zwei oder wie oder was...

Und dann, nach all den Belehrungsfahrten kommt der Tag der Wahrheit.
Ein neuer Betriebs-Gruppenleiter hat unseren guten alten, immer gerechten Herrn Scharf, der jeden Tag 40 km Arbeitsweg (damals ungewöhnlich) von Freiberg nach Hilbersdorf in Kauf nimmt, abgelöst. Ein gewisser Liebrecht, den nur wenige kennen und der bisher im Schellzugführer-Bw Karl-Marx-Stadt-Hbf als Lokführer tätig war, ist der Neue. Da zwischen denen, die auf kleinen Rädern (Güterzugloks) und denen auf großem Fuße (Schnellzugloks) Rivalität herrscht, ist der Mann erstmal verdächtig. Auch dass er sich pausenlos eine Zigarette an der nächsten anzündet, wirkt nicht sonderlich Vertrauen erweckend.
Ich bin der Erste, der von ihm praktisch geprüft werden soll. Na, Prost Mahlzeit, denke ich und gehe mit zitternden Knien und gemischten Gefühlen diesen Dienst an. Ganz blöd bist du ja nicht, sage ich mir und spreche mir so etwas Mut zu.
Wir gehen los, lösen das Personal der 44 1311 auf dem Ausschlackkanal ab und fahren zum Stellwerk 4 in Hilbersdorf, um einen Durchgangsgüterzug in Richtung Dresden zu bespannen. Das planmäßige Personal ist natürlich dabei. Herr Liebrecht und ich wollen nur bis Freiberg, um dort auf einen Personenzug, den P 1016, der mit einer 22er bespannt ist, umzusteigen.
Ab da beginnt meine eigentliche "Meisterfahrt", die im Personenzugdienst. In Richtung Freiberg geht es recht gut. Bremsprobe, anfahren und nach dem Brechpunkt Regler schließen, das habe ich durchaus im Griff. Bin ich mal unschlüssig, ob ich schon "zumachen" kann und der Zug auch rollt, schaue ich Hilfe suchend zum erfahrenen Heizer Hertz und der zwinkert mir dann zu: "Alles klar, läuft."
In Freiberg steigen wir ab und begeben uns zum Bahnsteig l, dahin, wo die Personenzüge aus Dresden in Richtung Zwickau zum Halten kommen. Lok 22 034 hängt am Zug und los geht es. Herr Liebrecht lässt Lokführer Kurze wegtreten und ich habe jetzt sozusagen alle Macht der

***Am 25.10.1965 fährt 44 1311 mit einem langen Güterzug in den Karl-Marx-Städter Hauptbahnhof ein. Das ist sie, meine "Prüfungslok" (1961).
Foto: Günter Meyer***

Welt. Locker fahren wir bis zur ehemaligen Blockstelle "Hospitalwald" und dann bergab mit Schmackes zur Blockstelle "Kleinschirma" mit Haltepunkt. Zwei, drei Minuten Verspätung haben wir übernommen. Jeder, auch ich weiß genau, dass es hier schiebt und dieser Hp gefährlich ist. Er liegt im Gefälle und in einer leichten Rechtskurve. Aber ausgerechnet dort will ich von den 3 Minuten Verspätung etwas herausholen. Den Bahnsteig mit ca. 80 . . .,90 . . . km/h angegangen, versuche ich wie ein Routinier zu bremsen. Zu spät. Ich ziehe durch, hier kann nur noch eine Schnellbremsung helfen. Die Lok steht hinter dem Signal, das zum Glück "Fahrt frei" zeigt, der Postwagen auf dem Bahnübergang und der erste Personenwagen gerade noch am Bahnsteig. Außerdem habe ich das Ganze durch das Einleiten der Schnellbremsung wie auf einen Prellbock gesetzt. Viele Fahrgäste bekommen vermutlich Körperkontakt mit ihrem vis-à-vis. Tief hole ich Luft und denke: "Scheiße, das war es. Jetzt lässt er den Kurze wieder ran und du kannst deinen Frust an der Schaufel abarbeiten." Aber nichts, gar nichts dergleichen geschieht. Kommentarlos lässt er mich weiterfahren, der Herr Liebrecht, gibt mir noch eine Chance. "Reiß dich jetzt zusammen, du Idiot", hämmere ich mir ein und lasse alles was an Halten noch auf mich zukommt, an meinem geistigen Auge vorbeiziehen. Bahnhof Frankenstein, auch nicht einfach, klappt. Oederan, Falkenau, Flöha und Niederwiesa ebenso. Ich schöpfe Mut und es kommt der Haltepunkt Hilbersdorf an Linie Dresden - Werdau. Ebenso tückisch wie Kleinschirma. Doch diesmal bin ich voll konzentriert. Die 3 min Verspätung habe ich längst aufgeholt, mir sogar noch eine Minute in die Tasche gefahren. Ich stelle den Zug in

Hilbersdorf so gefühlvoll hin, dass diesmal nur den Sitzplatz verlässt, wer aussteigen will. Am liebsten hätte ich mir selbst auf die Schulter geklopft. Jetzt aber kommt die Nagelprobe. In Karl-Marx-Stadt Hbf ist Personalwechsel, die Lok läuft durch bis Zwickau und es muss Wasser genommen werden. Das heißt also nichts anderes, als dass ich den Zug passend mit dem Wassereinlauf vom Tender (ca. 1.5 m lang) am Wasserkran zum Stehen bringen muss.
Vor oder nach dem Einlauf halten hätte eine Rangierbewegung des besetzten Reisezuges zur Folge gehabt und mir nach dem ersten Lapsus meine Meisterfahrt vollends verdorben.
Es funktioniert. Wie viele Steine in diesem Moment fallen, wer weiß das schon zu sagen. Das Wasser fließt in den Tender, wir steigen ab und Herr Liebrecht sagt zu mir: "Ich gebe Ihnen für die Güterzugfahrt eine "1" und für die Personenzugfahrt, sie wissen ja, eine "3", macht zusammen eine "2". Zufrieden?" Ohne Kommentar. Einige Jahre später waren wir dann Hans und Peter.

Bremsprobe

Bei meiner ersten Fahrt als Lokführer gibt es kein Halten, nicht mal per Signal

Die Tinte ist noch feucht auf meinem Lokführerpatent, da kommt die erste Feuerprobe. Eigentlich hätte ich nachmittags Dienstbeginn als Heizer. Aber am Vormittag flattert dem PLL eine Krankmeldung auf den Tisch und mir somit ein Zettel zum sofortigen Dienstantritt ins

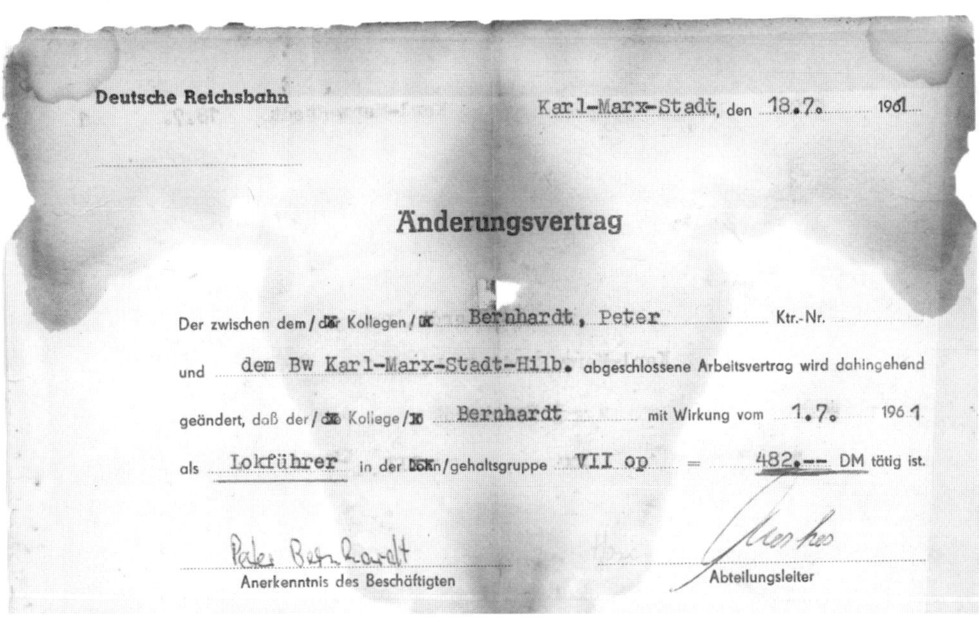

Deutsche Reichsbahn

Karl-Marx-Stadt, den 18.7. 1961

Änderungsvertrag

Der zwischen dem/der Kollegen/in Bernhardt, Peter Ktr.-Nr.

und dem Bw Karl-Marx-Stadt-Hilb. abgeschlossene Arbeitsvertrag wird dahingehend

geändert, daß der/die Kollege/in Bernhardt mit Wirkung vom 1.7. 1961

als Lokführer in der Lohn/gehaltsgruppe VII op = 482,-- DM tätig ist.

Peter Bernhardt
Anerkenntnis des Beschäftigten

Abteilungsleiter

Ab jetzt kam richtig Kohle rüber, nicht nur vom Tender. Die Pseudokommunisten entlohnten eine ausgebildete Fachkraft mit hoher Verantwortung im unregelmäßigen Schichtdienst schon recht üppig. 482,- DM der DDR, brutto selbstverständlich.
Sammlung: Peter Bernhardt

Haus. Meine erste Fahrt als Lokführer soll mich nun, genau wie einst meine Premiere als Heizer im großen Dienst, mit dem Bello nach Dresden führen.
Sofort mache ich mich auf die Socken, die Zeit ist knapp. Ein Kollege hat schon den Zug vom Stw 4 zum Stw 2 gefahren. Ich kann ihn also gleich an der Ausfahrt Hilbersdorf Richtung Dresden, direkt am Bw, ablösen. Planheizer Fritz Bergt wird mich begleiten.
Der aufmerksame Fdl vom Stw 2 gibt, kaum dass ich auf dem Führerstand bin, die Ausfahrt frei. Bergt, ein alter routinierter Heizer und ich, wir bringen den Zug problemlos nach Dresden - Friedrichstadt. Dann: Wendezeit mit Ausschlacken, Wasser nehmen - Drehen im Bw. Einen kurzen Kantinengang gönnen wir uns, danach geht es wieder in Richtung Heimat. Die 44 1488 macht gut Dampf und wir meistern die Steigung von Dresden bis Klingenberg-Colmnitz. Nicht zuletzt, dank der guten Schiebelok ab Tharandt.
Nun geht es bergab über Niederbobritzsch und Muldenhütten nach Freiberg. Das Einfahrsignal von Muldenhütten steht in einer starken Linkskurve, das Vorsignal hingegen in einer Rechtskurve und das sieht nur der Lokführer. Ich rufe also "Vorsignal frei" und Fritz wiederholt. Mit 60 km/h fahren wir auf die Einfahrt zu, die ich nicht sehen kann. Plötzlich brüllt Bergt: "Einfahrt gesperrt! Mensch Junge, mache fest". Schlagartig ziehe ich durch: Vollbremsung! Sandstreuer! Das bringt vielleicht noch ein paar Meter.
"Verdammt, verdammt, verdammt!" Meine erste Fahrt! Sollte ich mich bei der Vorbeifahrt am Vorsignal so getäuscht haben? Jetzt kann auch ich das gesperrte Hauptsignal sehen. Nicht lange, denn schon sind wir drübergerutscht. In Gegenrichtung verlässt gerade ein Personenzug den Bahnhof Muldenhütten und fährt an uns vorbei. Das bekomme ich gerade noch mit. Dann stehen wir endlich, direkt vor der Fahrdienstleiterbude und glotzen beide zu dem. Zwei solche dummen Gesichter hat der sicher noch nie gesehen.
Doch emsig bemüht er sich, den Irrtum aufzuklären: "Ich wollte, nachdem der Personenzug in Richtung Dresden den Bahnhof verlassen hatte, dessen Ausfahrsignal zurück auf "Halt" stellen, erwischte aber euer Einfahrsignal und knallte das auf "Halt."
Erleichtert maule ich: "Kann jedem mal passieren".
Was der Fdl sich aber von Bergt anhören muss, hat ihm bestimmt noch lange in den Ohren geklungen: "Ausgerechnet wo so ein junger und entwicklungsfähiger Lokführer", gemeint bin ich, "seine erste Fahrt als Meister macht, muss ihm so etwas passieren. Der kann ja Schaden für sein ganzes weiteres Berufsleben nehmen!"
Na ja, ganz so schlimm war´s dann doch nicht.

Eine hochprozentige Ladung

Nimm keinem Russen den Wodka aus der Tasse

Im Sommer 62 bin ich planmäßig mit Heizer Maier und der 58 261 unterwegs. Nur nicht an diesem einen Tag, denn heute besteigen wir total happy eine 44er, einen Bello - da geht die Post ab. Apropos Post, so harmlos ist unsere Ladung bei weitem nicht. In Karl-Marx-Stadt übernehmen wir den "Atomzug", der von Aue kommt und als Umspanner nach Riesa gehen soll. In diesem Zug befördern die Russen Uranerz aus dem Erzgebirge. Damit werden Reparationen

für Russland geleistet. Mal geht die Fuhre, die den großen Bruder zum Strahlen bringt, über Elsterwerda, dann mal wieder über Falkenberg. Und immer top secret, versteht sich.
Zwischen den Erzwagen läuft natürlich auch ein Mannschaftswagen für die sowjetischen Begleiter mit. Sie sind bewaffnet und darauf gedrillt, dass der Erzzug notfalls unter Einsatz des eigenen Lebens zu verteidigen ist. Sämtliche Waggons sind bereits rollengelagert, recht ungewöhnlich zur damaligen Zeit. Nur der Mannschaftswagen hat noch Gleitlager. Aus Sicht der Sowjets hat die Beförderung des Uranerzes primäre Bedeutung, die beiden Soldaten eine sekundäre. Menschen sind ersetz- und austauschbar, das abgebaute Gestein nicht.
Ein Beispiel dafür ist ein Ereignis an der Möbelrampe auf dem Produktenbahnhof. Muschkoten entladen gerade diverses Kriegsgerät, darunter auch Panzer.
Das Gleis ist mit einer Fahrleitung überspannt, 15000 Volt. Zwei der unbedarften blutjungen Russen kommen beim Verlassen der Luke, die Panzer stehen noch auf den Waggons, dem Fahrdraht zu nahe. Sie haben den vorgeschriebenen Sicherheitsabstand von 1,50 m missachtet. Das zahlen beide mit dem Leben. Man lässt niemanden an die Unfallstelle, außer deren Militärarzt. Die beiden Toten liegen noch einige Stunden, ohne dass jemand eine Decke über die erstarrten Glieder gezogen hätte. Die Arbeit geht weiter, als wäre nichts passiert. Liegen die Leichen den Emsigen im Weg, steigt man über sie hinweg...
Die 44er läuft 80 km/h, also lasse ich sie laufen. Mit knapp 100 km/h locker durch Seerhausen. Der Zug schiebt bis Riesa. Wir haben noch nicht richtig gehalten, da pflanzt sich plötzlich einer der beiden sowjetischen Begleiter auf und richtet die vorgehaltene Kalaschnikow auf mich. Ein russischer Wortschwall prasselt auf mich nieder und zum ersten Mal ist mir der verhasste Russischunterricht von Nutzen. Wütend macht mir Bruder Iwan klar, dass ihm in Seerhausen der Wodka aus der Kaffeetasse geschwappt ist. Damit nicht genug, der darin verbliebene Teil sei wegen meiner Raserei mit der Tasse dann auch noch vom Tisch gerutscht. Er fordert Ersatz.
"Für deine Spielchen hab ich jetzt keene Zeit und wenn de willst, dass die Fuhre pünktlich in deiner Heimat ankommt und dir der große Apparatschik ne offs Dach steigt, nimmste jetz de Beene in de Hand und lässt mich in Ruhe off meine Lok steigen". Offenbar versteht er so viel sächsisch wie ich russisch und trollt sich wortlos nach hinten und ich mich mit Maier und meiner 44 056 nach vorn.

Dreimal Todesangst in dreißig Sekunden

Wie einem unschuldigen Streckenmolch Hören und Sehen verging

Frühling - 1963: Ich habe die Planstelle als Lokführer auf der Jugendlok 58 261 noch immer. Wir befördern einen Dg von Hilbersdorf nach Zwickau. Ab Wüstenbrand geht es bis Glauchau zu Tale und nachdem wir den Bahnhof Hohenstein-Ernsthal mit Vmax passiert haben, folgt eine Rechtskurve. Die sich anschließende Brücke überspannt das Seifbachtal. Als wir aus der Kurve kommen, bleibt mir fast das Herz stehen. Viel Zeit bleibt nicht. Vollbremsung. Der 261 noch ein paar Sandkörner vor die Füße geschmissen und an die Pfeife gehängt. Das ist alles was ich tun kann. Auf der Brücke arbeiten etwa acht Bahnarbeiter im Gleis. Der Sicherheitsposten hat offenbar versäumt, beim Herannahen unseres Zuges, ins Horn zu blasen. Aber noch ist es nicht

Die Brücke bei Hohenstein-Ernstthal mit einer 94.20 und einem Arbeitszug während der Streckenelektrifizierung im Juni 1968. Sammlung: Matthias Hengst (Foto: Herbert Böhme)

zu spät. Erschrocken gucken die Streckenmolche hoch, lassen alle Arbeitsgeräte fallen und verlassen fluchtartig das Gleis.

Die Situation ist gerettet. Ich gebe einen kräftigen Füllstoß, damit der Zug nicht erst zum Stehen kommt. Wozu die Sache unnötig dramatisieren! Aber ich habe mich getäuscht. Einer der Streckenarbeiter hat, wie auch ich in diesem Moment, unter der linken Schiene eine angezogene Gleiswinde entdeckt. (Damals benutzte man noch Handwinden zum Anheben der Schienen bzw. beim Schotterstopfen.) Diese Winde kann die Laufachse der 58er und damit den Zug zum Entgleisen bringen.

Nun ist die Situation für die umstehenden Bahnarbeiter und auch uns beide auf der Lok lebensbedrohlich. Da sich die Geschwindigkeit des Zuges durch die Vollbremsung verringert hat, nimmt dieser Held seinen ganzen Mut zusammen. Er springt ins Gleis, leiert die Winde herunter und tritt sie zwischen die Schienen. Zeit sie zu entfernen hat er nicht mehr. Was der junge Kerl nicht weiß, die Bremsen lösen sich bereits und nun wird es richtig eng für ihn. Mir stockt der Atem. Ihm wohl auch. In Todesangst hechtet er aus dem Gleis. Doch statt nach links auf die sichere Seite, wirft er sich nach rechts. Da ist das Brückengeländer. Wahrscheinlich hat er zu diesem günstiger gestanden. Ich sehe ihn natürlich erst wieder, als er auf meiner Seite über das Geländer fliegt. Ich schaudere. Irgendwie hat er aber eine Hand oder beide Hände an das ziemlich niedrige Brückengeländer gekriegt sonst wäre er aus ca. 25 m Höhe in die Tiefe gestürzt. Mit den Füßen hängt er außen in der Luft. Jetzt zieht er sich zu meiner Erleichterung auf die Brücke und steht noch immer jenseits des Geländers, das er mit den Händen fest umklammert. Es dauert nur Bruchteile von Sekunden, in denen ich sein schreckensbleiches Gesicht sehe, da gibt es plötzlich einen fürchterlichen Hieb unter dem Führerstand. Das Bremsgestänge hat wohl die Winde am hoch stehenden Griff erwischt und die kommt nun, sich unrund drehend, mit der Wucht eines Geschosses zwischen Lok und Tender herausgeflogen. Ein drittes Mal blickt diese arme Sau innerhalb weniger Sekunden dem Tod ins Auge, denn die Winde fliegt neben ihm im hohen Bogen ins Tal. Als ich mich umwende, sehe ich, wie sich mein

Favorit für die Tapferkeitsmedaille nach innen über das Geländer schwingt. Nicht nur ein Stein fällt mir vom Herzen.
In Zwickau angekommen, hätte ich per Meldekarte den Vorfall anzeigen müssen. Aber was soll das bringen? Alle sind mit dem Schrecken davongekommen. Am meisten hat vermutlich der auf dem sicheren Hang, der mit dem Horn, gelitten. Und den soll ich noch anzeigen? Nein, das müssen die unter sich regeln. So habe ich das ein Leben lang gehalten und bin gut damit gefahren. War froh, wenn auch bei mir mal ein Auge zugedrückt wurde. Denn den, der fehlerlos 35 Jahre als Lokführer über die Runden kommt, den gibt es noch nicht, der wird demnächst vielleicht genmanipuliert im Reagenzglas kreiert.

Durchschaut

Ein nicht ganz legaler Feierabend

Wie in der vorherigen Geschichte bin ich noch immer mit meinem Lokheizer Hasche und der 58 261 zügig unterwegs - diesmal in einer schmuddeligen Winternacht. Wir sollen einen Dg nach Elsterwerda und den 6802 wieder zurückbringen. Lokleiter Weichert, Mitte fünfzig, teilt uns zum Dienstbeginn 21.30 Uhr mit, dass in Elsterwerda die Drehscheibe wegen einer Havarie außer Betrieb sei. Süffisant fügt er hinzu: "Ihr habt jetzt noch die Wahl, ob ihr erst mit dem Tender voran fahren wollt oder euch den Genuss für die Rückfahrt aufhebt." Der Straßenbahnführer Weichert, vor kurzem noch Lokschlüsselausgeber und plötzlich Lokleiter, wie geht das? Der ist mir von Anfang an ein Dorn im Auge. Als ich noch Heizer war, gab es einen Vorfall den ich nicht vergessen habe:
Weichert reißt eines Nachts die Tür von der Bereitschaftsstube auf, bleibt im Türrahmen stehen und wirft den mächtigen Lokschlüsselbund auf den Tisch. Brotbüchsen werden weggefegt, eine Limoflasche kippt um. Er brüllt: "Bernhardt, abölen." Ich springe erschrocken und wütend hoch, schnappe mir die Schlüssel und donnere sie zurück: "In 30 Minuten hab ich Feierabend, du Straßenbahner. Für die Unterteile reicht´s grad noch, dann gebe ich dir die Schlüssel auf die gleiche Weise zurück, verstanden!" Weichert hatte die Tür schnell von draußen zugemacht. Das Geschoss knallt an den Holzrahmen. Seit diesem Tag lieben wir uns noch inniger.
Und auch heute gebe ich bissig zurück: "Deine Straßenbahn, Weichert, hatte zum Glück Endführerstände, da warste immer vorne. Ausgerechnet du musst dir um unser Wohlbefinden keine Gedanken machen."
Natürlich fahren wir "rückwärts" nach Elsterwerda. Es geht meistens talwärts. Wir schließen die groben schwarzen Vorhänge zwischen Tender und Lok, um dem eisigen Wind, der über den Tender fegt, ein wenig zu entgehen. Wenn wir zum Halten kommen, ziehen wir die "Übergardinen" zur Seite und heizen. Die Ausfahrt Waldheim gesperrt, ich habe mich verbremst, mit dem Tender geht es drüber. Der Reinhold kann aus dem Führerhausfenster den Signalmast anfassen. Es ist aber nichts passiert, keiner hat es gesehen. Trotzdem macht sich Frust breit. Als wir in Elsterwerda ankommen, sagt uns der Lokleiter, dass die Gegenleistung 6802 ausfällt und das eine Leerfahrt nach Riesa ansteht. Die 90 km Rückwärtsfahrt von Karl-Marx-Stadt nach Elsterwerda war also für die Katz´, weil es in Riesa eine Drehscheibe gibt, die wir jetzt nach den

Im Juni 1968 hatte 58 1191 diesen relativ seltenen Einsatz vor einer Doppelstockgarnitur zu fahren. Hier aufgenommen unweit von Hohenstein-Ernstthal. Die elektrische Fahrleitung ist schon vorhanden aber noch nicht in Betrieb. Sammlung: Matthias Hengst (Foto: Herbert Böhme)

Selbst Dampfloks, welche nicht mehr fahren, sind noch zu etwas zu gebrauchen. Hier dient die ausgemusterte 58 1311 im Jahre 1975 als Gegengewicht bei der Demontage der alten Karl-Marx-Städter Bahnhofshalle. Sammlung: Matthias Hengst (Foto: Herbert Böhme)

24 km von Elsterwerda nach Riesa hätten benutzen können.
Ich möchte dem Weichert nicht unterstellen, dass er bei unserem Dienstbeginn schon wusste, dass der Dg 6802 ausfällt. Mit der leeren Lok von Elsterwerda - Riesa wäre es rückwärts eher ein Gaudi als eine Belastung gewesen. Aber so vergrößert sich der Frust. Als wir uns beim Riesaer Lokleiter in der Frühe vorstellen, sagt dieser, dass es für uns nichts zu fahren gäbe. Wir sollen nur die Lok ins Haus stellen und die Heimreise mit dem nächsten Personenzug als Fahrgäste antreten. Da geht natürlich die Sonne vor Sonnenaufgang auf. Lok abgestellt, Reisezugfahrplan eingesehen und schnell noch in die Kantine ein oder zwei Bier zischen. Beim zweiten kommt das Unheil in Gestalt des Drehscheibenwärters auf uns zu: "Seid ihr die Chemnitzer?" fragt der uns. "Nee, die Karl-Marx-Städter" gibt der nicht aufs Maul gefallene Hasche zurück. "Ist egal. Also der Lokleiter schickt mich, ihr sollt eure Lok mit nach Chemnitz oder Karl-Marx-Stadt nehmen, ganz wie es euch beliebt." Das ist als würde man einem Hund einen Knochen hinhalten und wenn der zuschnappt den zurückziehen. Nach der Scheißnacht haben wir uns auf die warme Ecke im Dienstabteil gefreut. Kurze Beratung mit Reinhold und wir rufen den Drehscheibenwärter, der sich schon zum Gehen gewandt hat, zurück. "Also höre zu, hier hast du eine Mark, mein Sohn. Kaufe dir erst mal eine Tasse Kaffee und dann gehst du zu deinem Lokleiter und sagst ihm, dass du uns nicht mehr in der Kantine gesehen hast. O. K.!" "Und warum sollte ich das tun?" "Weil du a) unseren Kaffee trinkst und b) wir nach 10 Std. Nachtdienst keine Lust mehr haben, den Dreckbock noch mal zu besteigen." Dafür hat er Verständnis. Fatal ist nur, dass wir noch die Lokschlüssel haben. Wir vergammeln in der Kantine die Zeit bis kurz vor Abfahrt des Personenzuges und gehen dann zum Lokleiter, um ihm die Schlüssel zu bringen. Der eröffnet uns nun persönlich, was der Wärter bereits gesagt hat. Ich setze meine unschuldigste Miene auf und entgegne: "Also hör mal, erstens hast du uns selbst entlassen, zweitens haben wir in einer Stunde Feierabend. Du weißt ja selbst, dass leerfahrende Loks, die nicht zum Zug müssen, nur auf den Überholungsgleisen der eingleisigen Strecke rumstehen und drittens haben wir aufgrund deiner vorherigen Aussage drei kleine Bier getrunken. Können also gar nicht mehr fahren." Dass das Ding nicht wasserdicht ist, wissen wir selbst. Schließlich haben wir noch etwa hundert Minuten Dienst. Auch bei Fahrgastfahrten kann man mal gebraucht werden und was dann?
"Haut ab ihr Schlitzohren und lasst euch hier nicht gleich wieder sehen!" Schmunzelnd hängt er unsere Lokschlüssel ans Brett. Durchschaut.
Mitte der sechziger Jahre machte dann die Obrigkeit Nägel mit Köpfen und verbot die Konsumierung von Alkohol vor und während des Dienstes generell. "Zum Wohle aller Beteiligten und des Volkes"

Winterfreuden

Der beschwerliche Weg zu einem faszinierenden Fotomotiv

Winter 1964: Wir, das heißt Lokheizer Reinhold Hasche, also der Hajo, die 58 261 und ich, sind an einem Januartag auf der Heimfahrt von Riesa. Es ist früher Nachmittag. Vor Ostrau beginnt es zu schneien.

Aufgrund diverser Erfahrungen mit der weißen Pracht fährt immer ein ungutes Gefühl mit. Aber wir sind ja fast daheim, was soll schon noch passieren?
Plötzlich wird der Schneefall dichter, keine 50 m können wir mehr sehen. Dafür sehen wir uns im Führerstand umso blöder an. Aber noch fahren wir. Von Döbeln über Waldheim quälen wir uns ohne Halt bis Mittweida, alles bergan, bis auf die letzten beiden Kilometer. Angekommen in Mittweida, dürfen wir ins Hauptgleis. Das lässt auf eine baldige Weiterfahrt hoffen. Neben uns auf der anderen Seite des Bahnsteiges steht auf Gleis 3 eine 75er mit dem kurzen Personenzug, der nach dem Schnellzug in Richtung Karl-Marx-Stadt abfahren soll.
Gleis 1 ist auch besetzt mit einem Güterzug in Richtung Riesa. Als das Schneetreiben etwas nachlässt erkennen wir eine geschlossene Schneedecke im Bahnhof Mittweida und auf Gleis 5 den Rangierzug in Richtung Hilbersdorf, ebenfalls mit einer 58er bespannt.
"Da bin ich aber jetzt mal gespannt, was hier wird", sage ich zu Hajo. "Das ist doch ganz einfach! Hinter uns ist der Schnellzug nach Kalle Malle und der braucht unser Bahnsteiggleis zur Einfahrt. Also fahren wir zuerst. Logisch."
Der Aufsichter kommt zu uns, wir sind neugierig. "Tja, also der Schnellzug hat Verspätung, keiner weiß genau wie viel. Jetzt lassen wir erstmal den Rangierzug von Gleis 5 weg. Und wenn der in Oberlichtenau ist, seid ihr dran. Bei Ottendorf soll die Strecke total verweht sein." Gute Aussichten oder besser keine mehr, denn das Schneetreiben wird auch hier wieder dichter. Aber wir können zumindest beobachten, wie die Ausfahrt von Gleis 5 frei wird und der Goletz, Max mit seiner Fuhre in See sticht. Na, gute Fahrt, auch in unserem Interesse. Es vergehen zehn Minuten, dann zwanzig. Endlich kommt der Rotmützige wieder zu uns. "Nun, was ist?" "Der ist in Ottendorf stecken geblieben, kommt weder vor noch zurück." "Mist, verdammter!" entfährt es mir. "Haste das gehört Hajo?" frage ich, obwohl der neben mir steht. "Ja und jetzt ist auch der Schnellzug in Döbeln weg und wir brauchen Gleis 2 für dessen Einfahrt. Ihr müsst also nach Gleis 4 umsetzen."
Wir, Hajo und ich, waren uns einig, dass es natürlich besser gewesen wäre, wenn man den Rangierzug hier in Mittweida hätte "verenden" lassen. Die Lok wäre als Vorspanne mit uns nach Hilbersdorf gefahren. Mit zwei schweren preußischen G 12 wären wir bestimmt durch die Schneewehen gekommen, hätten obendrein die Strecke frei gefahren und richtig Spaß dabei gehabt.
Zwei Rangierer setzen nun mit uns den Zug nach Gleis 4 um. Alsbald fährt der Schnellzug auch auf Gleis 2 ein. Aber der steht und steht. Es vergehen fast 40 min. Wir hoffen, dass dem Goletz von Karl-Marx-Stadt eine Lok zu Hilfe kommt, um ihn wegzuziehen. Stattdessen kommt der Aufsichter erneut zu uns.
"Wir hängen euch jetzt ab und ihr fahrt von hinten an den Rangierzug ran und zieht den zurück nach Mittweida. Dann werden wir weitersehen." Die schriftlichen Befehle für diese Sperrfahrt hat er schon dabei. Wir fahren ab. Vom Bahnhof aus findet gerade eine Völkerwanderung statt: Fahrgäste des Schnellzugs, die in den Personenzug umsteigen wollten, um in die umliegenden Dörfer zu gelangen, machen sich gerade zu Fuß auf den Weg entlang der Bahnstrecke. "Mensch, sind die alle verrückt? Bei diesem Wetter und dem Schneetreiben!" Egal, wir fahren und ich muss den Schluss des Rangierzuges ertasten. Ganz langsam pirschen wir uns heran. Aus dem

Befehl geht zwar hervor bei welchem Kilometer die Lok, aber nicht wo der letzte Wagen steht. Mit Schrittgeschwindigkeit arbeiten wir uns Meter um Meter vorwärts, gucken angespannt, ohne etwas zu sehen. Draufknallen wäre genau das, was uns jetzt noch fehlt! Plötzlich brüllt Hajo: "He, mach fest! Hier steht er!" Das mache ich und dann haben wir zwanzig Meter bis zum letzten Wagen - stoßfrei fahre ich ran. Der mitgefahrene Rangierer kuppelt die Lok an, ich übernehme die Luft und stelle fest, dass es der Goletz, Max an der anderen Seite des Zuges geschnallt hat. Wir machen eine vereinfachte Bremsprobe. Hier herrschen Ausnahmebedingungen und die erfordern außerordentliche Maßnahmen. Ich kann den Rangierer nicht auf der freien Strecke bis ans andere Ende des Zuges schicken, um den Goletz zu verständigen und die Bremse am jetzt letzten Wagen zu prüfen.
Ich fahre an. Ganz vorsichtig, nachdem ich lange und deutlich das Pfeifsignal für den Max gegeben habe. Bei etwa 20 km/h mache ich die erste Betriebsbremsung. Der Zug bremst, ich löse aus. Kaum zwei, drei Kilometer gefahren, kurz vor Altmittweida erkennen wir etwas, das uns noch mehr frieren lässt. Nahe dem Gleis liegt eine Person im Schnee, bei näherem Hinschauen eine alte Frau. Sie hat vermutlich auch versucht zu Fuß in ihr Dorf zu kommen. Ein paar Leute stehen herum und winken. Ich ziehe durch - Vollbremsung. Bei den 25 km/h, die wir fahren, steht der Zug nach wenigen Metern. Bang frage ich mich: "Hat das gewagte Unternehmen die Alte etwa das Leben gekostet?" Nein. Das Mütterchen ist nur völlig erschöpft und lächelt jetzt still und dankbar.
Wir klettern von der Lok und werden gebeten die Frau mit nach Mittweida zu nehmen. Eine menschliche Pflicht, aber entgegen allen Vorschriften. Aber die treten ja, wenn es ernst wird, sowieso außer Kraft. Allerdings, wenn etwas Drastisches passiert, bin ich in jedem Fall der Angeschmierte: Lasse ich die Frau liegen (was sowieso nicht in Frage kommt) und sie erfriert, bin ich wegen unterlassener Hilfeleistung dran. Heben wir sie auf freier Strecke und bei extremen Witterungsbedingungen auf die Lok und sie entgleitet uns und bricht sich das Genick, dann habe ich eine "fahrlässige Tötung" am Hals. Schließlich stehen wir hier nicht am Bahnsteig, sondern am Bahndamm. Ich habe also mit meinen 23 Lenzen und 63 kg Lebendgewicht die Wahl und die Verantwortung in diesem Fall. Auch eine Begleiterscheinung des Traumberufs.
Der Hajo, der Rangierer und ich packen an wie Männer. Wir heben die Mama auf die Lok und setzen sie auf den Heizersitz. In ihren dunklen Augen ein großes Danke. Ich denke an meine gute Mutter und denke auch "Danke", ein paar Tränen der Rührung mühsam bekämpfend. Gleich habe ich mich wieder in der Gewalt, löse den Zug aus. Wir halten bei der Aufsicht und übergeben das Mütterchen behutsam in die Hände medizinischen Personals. Nach einer kurzen Aufwärmphase bei heißem Tee in der Aufsichterstube erfahren wir, wie es weitergeht.
Zum ersten Mal an diesem Tag bin ich ehrlich begeistert: Wir fahren als Zuglok am Schnellzug nach "Kalle Malle". Der Goletz spannt uns vor. Nun also doch zwei G 12, aber am Schnellzug. Als Schiebeloks die starke 39er, die preußische P 10 also und die Hartmannsche 75er vom Personenzug. Hajo der Heizer setzt ein richtiges Ding rein und ab geht es. Wir donnern durch die Schneewehen, halten aber an jeder Milchrampe bis Karl-Marx-Stadt. Auch Sonderwünsche über die Äcker bis zum heimatlichen Hof würden wir, stark wie wir sind, erfüllen. Nur leider mangelt es an Schienen. Endstation Karl-Marx-Stadt. Hier mache ich erst mal einen

Rundgang um die beiden 58er. "Junge, Junge!" Die Vorspanne vom Goletz, die in jede Schneewehe getaucht war, sieht aus wie eine Schneehöhle. Ein Super-Fotomotiv!
Nur dort, wo es warm ist, am Kessel und den Zylindern, oder wo sich das Fahrwerk gedreht hatte, kann man die Lokomotive erkennen. Ansonsten ist die Rabenschwarze mit den roten Rädern ganz und gar in jungfräulichem Weiß. Unklar, wie der Max die Signale alle erkannt hat. Hochachtung. Es fällt mir richtig schwer, den Blick von dem weißen Monster zu lassen, aber ich habe Feierabend, einen von den schwerer verdienten.

Holzbrücke Südbahnhof

Eine Entgleisung meinerseits

Selbst noch jung an Jahren, habe ich den noch jüngeren Steffen Stranzel als Heizer dabei. Der stellt sich nicht dumm an und darf, wenn mich die unbändige Lust am Dampfmachen überfällt, schon mal an den Regler. Dass der Junge vom Reisezugbahnbetriebswerk Karl-Marx-Stadt Hbf als Lokführeranwärter hier ist, stört mich überhaupt nicht. Man ist ja tolerant und vergilt nicht Gleiches mit Gleichem. An jenem Tag also, der uns mit einem Rangierzug nur bis zum Karl-Marx-Städter Südbahnhof bringt, um diesen dann nach allen Regeln der Kunst auseinander zu nehmen, einen Gegenzug zusammenzustellen, dessen Ziel der Hilbersdorfer Ablaufberg ist, habe ich null Bock auf Arbeit. Das winterliche Schmuddelwetter tut ein Übriges, als wir am zeitigen Nachmittag, ca. acht Stunden Rangierdienst am Ort noch vor uns, ankommen. Vom "Süden" gehen zwei Strecken ins Gebirge. Eine führt in Richtung Aue/Erzgebirge, an der nach zirka zwei Kilometern der Anschluss "Gaswerk" liegt. Die andere nach Stollberg/Sachsen, an der bis zum ersten Bahnhof Zwönitzbrücke (früher Oberaltchemnitz) unzählige Anschlüsse von fast ausschließlich VEB-Betrieben bedient werden. Die einzige Abwechslung in diesen stupiden acht Stunden Rangiergeschäft ist folglich die Bedienung der Anschlüsse in Richtung Zwönitzbrücke, allerdings auch nur um zu rangieren. "Wir fahren jetzt in die Wiesen", heißt es dann vom Rangierleiter. In diesen Zeiten, also Anfang der 1960er, ist die Bahn der wichtigste Verkehrsträger. Alles, was von einem Menschen allein nicht getragen werden kann, wird mit der Bahn transportiert. Leute und Firmen identifizieren sich mit der Bahn. Jeder winzige Betrieb ist froh, wenn er einen Gleisanschluss hat, auch wenn nur alle drei Wochen mal ein Waggon zur Ent- oder Beladung bereitgestellt wird. Mein Schwiegervater zum Beispiel, Arbeiter in der Produktionsgenossenschaft "Isomontage", hat sich im Betrieb bereiterklärt, über die Nächte Bereitschaft zu machen. Das bedeutet, dass er, wenn er Pech hat, nach getaner Arbeit von zu Hause 20.00 Uhr abgeholt wird, um im Bahnhof Rottluff im Gleisanschluss "Isomontage" einen Wagen mit Glaswolle zu entladen. Das dauert dann bis ca. 2.00 Uhr früh und wer in seinem Leben je mit diesem Dämmmaterial in Berührung gekommen ist, weiß wovon ich spreche. Kopfläuse sind eine Wohltat dagegen. Gegen 5.00 Uhr des gleichen Tages macht er sich dann wieder zur eigentlichen Arbeit auf. Hut ab vor solchen Leuten. Als sein Schwiegersohn habe ich einen besonderen Bonus bei ihm. Ich genieße Ansehen bei diesem Raubein, weil er mich mit auf seine soziale Stufe stellt. Peter, die arme Sau, die arbeiten muss, wenn andere feiern oder schlafen gehen. Er nennt mich fast schon liebevoll den "Lokomotivenpfiff".

Zurück zum Südbahnhof. Wir waren mit einer ganz schönen "Leine" und unserer 58 261 angekommen. Die "Leine" verspricht natürlich viel Arbeit. Ein tolles Rangiergeschäft steht uns bevor. Der Heizer hat, wie zuvor schon mal bei BR 94 beschrieben, einen Lenz. Für den Meister ist "Gewindeschneiden" angesagt. Unsere erste Arbeit ist die "Leine" ins Ausziehgleis zu bringen. Von da aus wird der Zug Wagen für Wagen in die Richtungsgleise abgelassen. Es führen also die Auesche Schiene, das Anschlussgleis VEB Rohr- und Kaltwalzwerk und das Ausziehgleis unter einer hölzernen Fußgängerbrücke hindurch. Nur Letzteres endet kurz hinter der Holzbrücke am Prellbock. Der Rangierleiter hat Signal zum Vorziehen gegeben und wir fahren mit Rangiergeschwindigkeit, 25 km/h, ins Ausziehgleis. Als wir uns der Holzbrücke nähern, kann ich auf dieser ein paar Jungs ausmachen, Viert- oder Fünftklässler etwa. Sie haben sich sozusagen "bewaffnet" und als wir mit der geringen Geschwindigkeit unter der Brücke hindurch fahren, prasseln Steine, Erd- und Schneeklumpen auf uns nieder. Einer pinkelt über den Langkessel und das Führerhaus. Fünf oder sechs Wagenlängen nach der Brücke gibt der Rangierleiter Haltsignal und wir drücken den Zug zum Auseinandernehmen im Schritttempo ab. Beim Durchfahren der Brücke das gleiche Spiel, nur jetzt in Zeitlupe. Über den Tender fliegt der Unrat bis in den Führerstand. Ich rase vor Wut, winke den Jungs aber freundlich zu. Dann kommt meine Chance. Kurz nachdem wir die Brücke durchfahren haben, nähert sich aus Richtung Aue ein Personenzug. Die "Brückenbesetzer" wenden sich von uns ab und sind voll auf diesen konzentriert. Sie müssen sich neue "Munition" beschaffen und vermutlich wird ein neuer Pinkler bestimmt. "Steffen!" brülle ich Stranzel zu: "Jetzt ran hier, abdrücken, los". Ich steige nicht von der Heizerseite, ich springe. Im Schatten der Brücke rase ich den Hang hoch. Mit 25 Jahren, als Betriebsfußballer, noch in Saft und Kraft. Dann bin ich oben. Nur 63 Kilo leicht, komme ich denen wohl trotzdem wie ein Irrwisch vor. Der Erste, dem ich eine knalle, rutscht die Holzbohlen entlang, die beiden anderen, völlig verdatterten, greife ich mir auch . . .
Ob die Rotzer, auf Anfrage ihrer Eltern zu einem blauen Auge vielleicht, die Erlebnisse vom Nachmittag am Abendbrottisch erzählt haben, entzieht sich meiner Kenntnis.

Die damalige Jugendlok 58 261, von 1962 - 1964 meine Planlok, zwischen Karl-Marx-Stadt Hbf und Süd im Februar 1963. Diese Maschine blieb im Sächsischen Eisenbahnmuseum Chemnitz-Hilbersdorf erhalten. Foto: Günter Meyer

Arthur - unser Engel

Mit dem Schnellzug auf den Fersen überpünktlich in den Feierabend

Auf der Strecke Chemnitz/Riesa gibt es einen Fahrdienstleiter, der heißt für uns nur "Arthur". Das liegt daran, dass er selbst jeden und alle mit Arthur anspricht. Arthur ist groß und hager. Er arbeitet exakt, steht bei der Durchfahrt der Züge beflissen am Gleis, entweder im Bahnhof Ostrau oder in Steina. Die Hand an der roten Mütze, Knie und Rückgrat durchgedrückt, erweist er uns seinen Gruß, wie es ihm im Dritten Reich beim Barras beigebracht wurde.

Wir schreiben das Jahr 1964. Ich fahre mit meinem Heizer im 44er Plan abends einen Güterzug Dg 7408 von Riesa nach Hilbersdorf. Hinter uns liegt der planmäßig letzte Schnellzug von Berlin nach Karl-Marx-Stadt. Wenn wir pünktlich von Riesa wegkommen und richtig Stoff geben, können wir auf Durchfahrt in Ostrau hoffen, allerdings nur, wenn Arthur Dienst hat. Dort müsste uns eigentlich der Schnellzug überholen, aber wenn Arthur da ist, ticken die Uhren anders. Der Alte hatte sich nämlich garantiert, als wir vorhin in Richtung Riesa fuhren, unsere von der 44er herabgrüßenden Gesichter gemerkt. Und dann wird Arthur für unseren Dg 7408 die Durchfahrt beim Dispatcher mit den Worten bestellt haben: "Mensch Arthur, lasse die fiedeln, da sind Arthur und Arthur drauf, die können das."

Schon von weitem erkennen wir "grün" für die Durchfahrt Bf Ostrau und fiedeln, was das Zeug

Der Bahnhof Ostrau, fotografiert im Jahre 1988 vom neuen Stellwerk aus. Seit reichlich 10 Jahren ist nun die Strecke elektrifiziert und "Arthurs" wurden im Zuge der Bahnreform weitestgehend abgeschafft.
Foto: Reiner Scheffler

hält. Arthur grüßt stramm am Bahnsteig, ohne eine Miene zu verziehen und zeigt uns zu allem Überfluss noch die K-Scheibe, also Anstreben der kürzesten Fahrzeit.
Nie holt uns der Schnellzug ein, aber wir holen auch das Letzte aus Mensch und Material heraus. Hin und wieder nutzen wir ein paar der Langsamfahrstellen, um im vertretbaren Rahmen ein wenig Zeit rauszuschinden. Als wir paar Tage später bei Arthur vor der Türe zum Halten kommen, bedanken wir uns artig: "Mensch Arthur, das hat ja vorgestern bei dem 7408 wieder geklappt, wir hätten eigentlich 0.37 Uhr Feierabend gehabt, den konnten wir schon gegen 22.30 Uhr antreten und haben schnell noch´n Bier gezischt - auf dein Wohl selbstverständlich." Das war der Grundstein, dass es beim nächsten 7408 wieder zischte, 22.30 Uhr - vorausgesetzt: Arthur hatte Spätschicht in Ostrau.

Von der Verweigerung bis zur Begeisterung

Eigentlich lasse ich lieber Dampf ab als Diesel - und trotzdem . . .

Im Jahre 1963 heißt es bei der DR für viele Lokführer "Umsteigen". Traktionswandel. Auch ich werde von meiner Dienststelle gebeten umzuschulen. Nur ungern willige ich ein und lande auf der Liste für einen Vorbereitungslehrgang zum E-Lokführer.
Bereits am dritten Lehrgangstag verstehe ich nur noch Bahnhof: Elektrik, Elektronik, Elektrotechnik - nicht meine Fächer. Strom ist verdächtig, nahezu unheimlich, geht oft seltsame Wege. Man kann ihn nicht sehen, nicht hören, nicht riechen. Und plötzlich knallt es. 15 000 Volt! Das kann dein Ende sein, denke ich, einer, der von Traditionen nur äußerst ungern lässt. "Bernhardt, der Stromfeind", das wissen auch meine Kollegen.
Ich beende also vorzeitig meine unfreiwillig freiwillige Lehrgangsteilnahme, wohl wissend, dass mich der Fortschritt irgendwann einholen wird.
"Na Bernhardt, willste der letzte Dampflokführer in der DDR werden?" frotzelt man bereits in der Kantine. Ist mir gleich, ich bin weiterhin mit Begeisterung "heiß und fettig" unterwegs.
Das Gespenst Arbeitslosigkeit kannten wir damals nicht, ein Arbeitsamt nur aus Schnitzlers "Schwarzem Kanal" und dem glaubten sowieso nur die, die glauben wollten.
Ich fahre also weiter ganz gelassen meine eigene dampfende Schiene. Noch.
"Also, was ist denn nun, Koll. Bernhardt?", geht mich doch zwei Jahre später eines Tages mein Freund Liebrecht an: "Wollen sie wirklich of diesen Dreckkarren versauern oder machen sie nu endlich mal ´ne Qualifizierung mit? Das mit der E-Lok ham se sich ja schon verbaut. Aber jetzt habe ich in Riesa einen Grundlehrgang für die Umschulung zum Diesellokführer mit Abschluss BR V60 (Rangierlok 600 PS dieselhydraulisch) auf dem Tisch.
Zwei Leute können wir schicken. Da hab ich an den Friedrich und an sie gedacht. Na, was is? Am ersten Juni geht es los! Acht Wochen direkt. Unterkunft internatsmäßig."
Der Gedanke an Abschied zu Hause, Anneliese ist im dritten Monat schwanger, lässt mich nicht gerade in Jubel ausbrechen. "Bereuen sie nicht", so der Liebrecht.
Aber der Gedanke mit Friedrich, Joachim in Riesa gemeinsam den Lehrgang zu besuchen ist mir angenehm: Paar Jährchen älter als ich, ehrliche Haut, exakte Dienstausführung, Vorbildwirkung.

Langsam freunde ich mich mit der Aussicht in Kürze Diesellokführer zu sein, an.
Hin und wieder, wenn uns am Oederaner Berg eine E 42 vorspannte, habe ich schon der verpassten Chance, E-Lokführer zu werden, nachgetrauert.
Dass ich fast zwei Jahrzehnte später dann doch noch "elektrisiert" unterwegs sein würde, ahne ich jetzt noch nicht.
Ich bin nun entschlossen den Lehrgang erfolgreich zu absolvieren. Aber auch an so einer Diesellok ist jede Menge elektrisches Geröll dran: Ich pauke Ansteuerung und Wirkungsweise von Relais, Schützen, Wächtern, etc. - also voll drin in der Elektrik. Und daneben noch Kühlwasser-, Kraftstoff- und Schmierölkreislauf. Vom Motor und der Kraftübertragung mal ganz abgesehen. Da schwillt mir dann doch die sonst recht schmale Brust, als der Leiter der Ausbildungsstätte zur Gesamtnote "Gut" gratuliert. Der schlimmste Teil - die Theorie - war damit überstanden. Ein paar Belehrungsfahrten mit der praktischen Abschlussprüfung bei unserem Lokfahrmeister Hans Pippig sind nur Formsache. Ab Fahrplanwechsel Herbst 1966 darf ich ran an die nigelnagelneue V 60 1372, die erste Rangierlok, die auf dem Verschiebebahnhof Karl-Marx-Stadt Süd stationiert ist. Ins Bw fährt die Lok nur noch zum Tanken, bei Fristuntersuchungen oder wichtigen Zwischenreparaturen. Von vornherein ist klar, dass ich auf dem Rangierbahnhof hier nur eine sechsmonatige Gastrolle geben werde.
Es kann nicht das Ziel eines leidenschaftlichen Lokführers sein, ab dem 26. Lebensjahr so zu

Im Jahre 1966 steige auch ich auf die moderne Technik um. Tausche den Führerstand der 44er und 58er gegen den der V 60.
Sammlung: Peter Bernhardt

versauern. Von der niedrigeren Lohngruppe und den paar Pfennigen Rangierprämie mal ganz abgesehen.
Entgegen meinen Erwartungen tut mir die Eingewöhnung auf der Diesellok, ein bisschen ab vom Schuss, ganz gut. Werde auch richtig klasse von den Kollegen der Brigade III des Südbahnhofes mit Rangiermeister Uhlig an der Spitze aufgenommen. In der Spätschicht wird erst gevespert, wenn auch Rangierlokführer Bernhardt an "seinem Platz" sitzt. Wie gewohnt meine Mahlzeiten auf der Lok einnehmen, wäre eine Beleidigung für die Kollegen.
Auch bin ich für die Leute kein Unbekannter, habe ja des öfteren Rangierzüge mit der Dampflok zum Südbahnhof gebracht und dann "zerlegt". (Kapitel Holzbrücke)
Aber jetzt bin ich einer von ihnen, gehöre zum Fdl., Stellwerkswärter, Rangierleiter, Zugführer und natürlich auch zum "Sturzelwächter". Das ist der, der von dem winzig kleinen Stellwerk aus, oben vor der Holzbrücke, "die Sturzel", also die Rangierweichen bedient. Wenn es sich dann noch ergibt, dass mein alter Herr mit seiner 86 610 (die 94er wurden langsam ausgemustert und der Papa landete im 86er Plan) und einem Rangierzug von vielleicht 600 t in unserer Schicht auf dem Südbahnhof “einfliegt”, ist das wie ein Fest. Mein Vater, der Lokführer, ist ein gern gesehener Gast hier. Er hätte eigentlich mit seiner 86er diesen Zug zerlegen und noch andere Rangierarbeiten erledigen müssen. Aber nicht bei uns in Brigade III. Da hat der Papa Pause und sein Heizer Baumann profitiert auch davon. Mit der Dampflok rangieren, bedeutet richtig Arbeit für den Lokführer und deshalb kuppelt der Rgl die 86er mit den Worten: "Fahr ins Abstellgleis Walter, leg die Beine hoch, wir holen euch, wenn wir euch wieder brauchen”. Das klingt gut für Vater, nicht für mich. Ich mache nun mit der V 60 seine Arbeit, aber ich tue es gern. Diesen Bonus haben beileibe nicht viele. Es kann auch andersherum gehen. Wer sich beim Bahnhofspersonal unbeliebt macht, der darf gleich die Arbeit, die laut Arbeitsplan für die Diesellok vorgesehen ist, mit erledigen. Dann stehe ich also mit der FUWO in der Ecke und die Dampflok zieht die "Zahngleise". Das bedeutet ohne Ende Gewindeschneiden (Steuerung von vorwärts auf rückwärts und umgekehrt) bis dir die Arme auszukugeln drohen. Auch in anderer Hinsicht hat das Zwischenspiel auf dem Südbahnhof einige Vorteile. Ich kann binnen 20 min die Einsatzstelle von zu Hause aus erreichen. Der Vierbrigadeplan hat geregelte Arbeitszeiten, alle zwei Wochen samstags und sonntags frei.
Wenn wir sonntags von 10 bis 22 Uhr Dienst haben und schon 19 Uhr mit dem Tagesgeschäft fertig sind, fahren wir mit der Diesellok zum Rohr- und Kaltwalzwerk und holen uns einen Kasten Bier in der Kantine. Wieder auf dem Südbahnhof angekommen, füllen wir die Lücke bis zum Feierabend mit einem zünftigen Skat. Gleich an zwei Tischen dreschen wir in der Rangierbude Karten.
Bei uns gelten 0,0 Promille, denn schon nach einem Bier wären die Lappen weg. Ich lasse also meinen "Troll", einen Motorroller, stehen und laufe nach Hause. Alles in allem, hatte ich also einen schönen 1966er Herbst, sogar das Wetter spielte bei bis zu 26 Grad noch bis weit in den Oktober hinein mit.

Konfrontation mit Geburt und Tod

Innerhalb eines Tages bekam ich meine Lektion, wie nah Anfang und Ende beieinander liegen

Es ist Dezember geworden, der 22. im Jahr 1966 und ich habe Frühdienst von 6 bis 14 Uhr.
Gegen 10.45 stehen wir mit einer geschobenen Rangierabteilung in das Rohr- und Kaltwalzwerk Karl-Marx-Stadt bereit.
Bis dahin sind es ganze 5 km und ich freue mich immer auf diese Fahrten, weil es nicht nur zwei- oder dreihundert Meter hin- und hergeht.
In der Regel ist es so, dass die leeren Platten (flache Rungenwagen) in das Werk geschoben und die mit Rohren beladenen vom Nachbargleis gleichzeitig abgeholt werden.
So wird es auch heute sein. Der Rangierleiter hat, wie es bei geschobenen Rangierabteilungen Vorschrift ist, auf dem in Fahrtrichtung ersten Wagen, also der Spitze, Platz genommen. Der Blickkontakt zu mir ist hergestellt. Jetzt erhält der Rgl vom Stellwerkswärter die Zustimmung und winkt mir "kommen". Wir ziehen also los, drei Platten, ein Zweiachser, zwei Vierachser, Länge der Abteilung ohne Lok ca. 40 bis 50 Meter. Die Höchstgeschwindigkeit für solche Fahrten beträgt 25 km/h. Ich halte mich dran und wir nähern uns dem Bahnübergang Reichenhainer Straße - eine Hauptstraße, die um diese Zeit nur wenig frequentiert ist.
Die Haltlichtanlage lässt ein weißes Kennlicht aufleuchten. So kann ich sicher sein, dass das Andreaskreuz für die Kraftfahrer rot blinkt. Mit 25 km/h fahre ich auf den Übergang zu.
Über die flachen Waggons hinweg kann ich vom hohen Führerstand der V 60 die Straße rechts und links gut einsehen. Von rechts aus Richtung Reichenhain nähert sich ein "Wartburg 311". Dessen Geschwindigkeit schätze ich auf vielleicht 40 km/h.
"Aber was macht der? Der fährt und fährt! Der erste Wagen der Rangierabteilung müsste gleich auf dem Übergang sein. Der bremst nicht! Und wird aber auch nicht schneller!" Wieder gebe ich Achtungssignal. "Jetzt ist er weg! Er ist nicht mehr rechts. Links ist er aber auch nicht!"
Der Rgl steht wie angewurzelt auf der Spitze etwa 60 m von mir entfernt ohne mir Haltsignal zu geben.

Schwerer Unfall in Karl-Marx-Stadt

KARL-MARX-STADT. Zu einem folgenschweren Verkehrsunfall kam es gestern in Karl-Marx-Stadt. Zwei westdeutsche Bürger, die sich besuchsweise im Landkreis Karl-Marx-Stadt aufhalten, hatten mit einem PKW eine Straße befahren, die von einer Industriebahn überquert wird und offensichtlich die Warnsignale nicht beachtet. Dabei wurde der PKW von einem Waggon erfaßt und etwa 30 m mitgeschleift. Der Fahrer erlitt lebensgefährliche Verletzungen, während die Ehefrau unmittelbar nach dem Transport ins Krankenhaus verstarb. Die genauen Ursachen des Unfalls werden noch geklärt.

Die Lokalzeitung "Freie Presse" vom 23.12.1966 brachte von diesem Unfall eine dünne Notiz auf einer hinteren Seite. Solche Vorfälle passten eben nicht in das heile Bild des Sozialismus, und einen Tag vor Heiligabend erst recht nicht. Quelle: Stadtarchiv Chemnitz

Jetzt denke ich, ´der kann ja nur noch davor oder unter dem ersten Wagen sein`, bremse schlagartig, nehme die Kraft weg. Nach ein paar Metern stehen wir.
Ich sehe das Auto nicht! Mein Gott! Ich springe von der Lok, vom obersten Fußtritt, breche mir beim Aufkommen fast die Knochen. Wäre besser gewesen, dann hätte ich mir den schlimmsten Anblick meines Lebens erspart. Der Rgl bewegt sich inzwischen auch im Laufschritt in Richtung Werk und brüllt mir zu, dass er anrufen geht. Keuchend komme ich am ersten Wagen an.
Ich bin jetzt völlig allein. Mich friert. Angst. Entsetzen.
Der linke Puffer des ersten Wagens hat sich oben in die Fahrertür gebohrt, den Wartburg ausgehoben und vor sich hergeschoben. Das Auto ist dadurch noch in ganz gutem Zustand. Hoffnung.
Der Mann am Steuer hängt über dem Lenkrad, dreht aber den Kopf zu mir. Ich bin erleichtert.
Aber da! Da ist noch eine Person im Wagen. Auf dem Beifahrersitz.
Ich gehe um das Auto herum, schaue durchs Beifahrerfenster.
Bis heute weiß ich nicht, wie ich den Anblick ertrug ohne umzufallen.
Die junge Frau, die da zurückgelehnt sitzt, lebt, atmet hörbar.
Aber ihr Kopf ist von der hohen Stirn bis zum Oberkiefer gespalten... Wie im Krieg! - Wie mit der Axt - Ich zerre wie irre an der Tür, die ist verklemmt.
Der Mann drinnen fleht um Hilfe für sie.
Hinter dem Straßenübergang steht die Lok, auf dem Übergang der Wagen, der an der Lok hängt. Auf der Straße steht alles. Zwei Männer aus einem Traktor kommen. Hilfe! Aber die werden leichenblass und drehen ab. Mir wird übel. Ich kann nicht hinsehen, reiße mit geschlossenen Augen an der Tür. Da naht Hilfe. Ein Krankenwagen. Der Werksdirektor vom Rohr- und Kaltwalzwerk hat ein Einfamilienhaus gleich neben der Straße.
Als der Rgl. noch am Laufen ist, hat er bereits die DMH per Telefon gerufen. Deshalb das ungewöhnlich schnelle Erscheinen des Krankenwagens und eine erste Erleichterung für mich.
Wie ein Greis wanke ich zur V 60, steige zitternd hoch und lege mich auf die warme Fußmatte über dem Strömungsgetriebe. Langsam beginnt mein Hirn an zu arbeiten: "Wie konnte das passieren? War ich zu schnell gefahren? Nein. Hatte die Haltlichtanlage nicht funktioniert? War das weiße Kennlicht eine Täuschung? Nein. Das Andreaskreuz blinkte ja noch als ich vorn war.
Derbes Klopfen an der Führerhaustür schreckt mich aus meinen Überlegungen. Ich öffne die Tür und sehe hinunter. Ein Vopo mit weißer Mütze und Epauletten, die auf einen höheren Dienstgrad schließen lassen. Ich steige vom Führerstand und stelle mich der Befragung. Nicht lange. Die erste beantworte ich noch, um mich kooperativ zu zeigen. Dann: "Warum sind sie denn so weit über den Übergang gefahren?", da werde ich langsam sauer. Und nach der dritten: "Wie denn so eine Lok funktioniere und ob da Sand beim Bremsen dabei ist", werde ich pampig: "Ich sage ihnen jetzt was, Genosse Wachtmeister! Das ist eine Lokomotive und kein Auto. Ich bin auf der Schiene gekommen und nicht auf der Straße. Und wenn sie eine Baureihenbeschreibung dieser Lok haben wollen, müssen sie sich ans Bw wenden! Und lassen sie sich gleich eine Bedienungsanleitung mitgeben. Sie sind noch nicht zu alt und vielleicht reicht's ja noch für einen richtigen Beruf." Ich bin in Fahrt! Der hat mir in meiner seelischen Verfassung gerade noch gefehlt! "Außerdem werden in ein paar Minuten meine Vorgesetzten hier erscheinen und mit

Sachverstand für den Bahnbetrieb ein Protokoll aufnehmen, das ihnen dann zugestellt wird. Auf Wiedersehen!"

Aufgewühlt steige ich wieder hoch und setze mich auf einen der beiden Sitze, um mir erneut Gedanken über den Ablauf des Unfalls zu machen. Das Auto war von mir aus gesehen aus dem Dorf von rechts gekommen. Der Fahrer hatte weder gebremst noch beschleunigt. Demzufolge hat er weder uns noch die Rotlichtanlage am Andreaskreuz wahrgenommen. Da ihm auch auf der Straße kein Auto entgegenkam, weder vor noch hinter ihm jemand fuhr, hat er sich vermutlich mit der Frau im Auto unterhalten. So meine Hypothese. Er hat mit ihr gesprochen und sie dabei angesehen. Dann gibt es einen fürchterlichen Schlag. Das Auto wird ausgehoben. Und da der erste Wagen nun praktisch im rechten Winkel zur bisherigen Fahrtrichtung das Auto weiter schiebt, fliegen die beiden mit der gleichen Geschwindigkeit mit der sie eben noch gefahren sind, nach vorn.

Der Mann hat Glück, fällt auf das Lenkrad und kommt, wie sich später herausstellt, mit einem Milzriss davon. Beim Aufprall wird die Frontscheibe zertrümmert. Die Motorhaube wird deformiert aus der Verankerung gerissen und stellt sich senkrecht in die Höhe. Und in dieses scharfkantige Blech fliegt die Beifahrerin mit 40 km/h mit dem Gesicht. So erkläre ich mir ihre Verletzung.

Unser Gruppenleiter reißt mich aus meinen düsteren Gedanken. Er nimmt das Unfallprotokoll auf, den ablösenden Lokführer Peter Bock hat er gleich mitgebracht. Ich werde mit dem Betriebsauto nach Hause gefahren. Meine Frau, hochschwanger, sieht mir an, dass etwas passiert sein muss. Auch bin ich früher als erwartet zu Hause. Beide sind wir sowieso nervös, weil das Baby seit einer Woche da sein müsste. Termin war der 14. Dezember. Ein Gespräch über das Vorgefallene will ich auf jeden Fall vermeiden. Ich hoffe für die junge Frau, dass sie ihre Verletzungen überlebt.

Nach einer Stunde kommt mein Schwiegervater Rudi zufällig vorbei. Er will mich in ein Gespräch verwickeln, aber ich bin völlig unkonzentriert. Nun bearbeiten mich beide, Vater und Tochter. Und dann rede ich mir alles von der Seele. Kaum geendet, schleppt mich der Rudi zur Telefonzelle. Ich rufe das Unfallkrankenhaus an. Der diensthabende Arzt verweist auf seine Schweigepflicht. Erst als ich sage, dass ich der am Unfall beteiligte Lokführer bin, macht er eine Ausnahme. "Die junge Frau ist heute 14 Uhr leider verstorben. Ich wünsche ihnen, dass sie schuldlos sind." Er hängt ein. Aus. Ende. Meine Augen füllen sich mit Tränen. Vor der Telefonzelle heule ich hemmungslos. Mein Schwiegervater, das Raubein, enthält sich dummer Bemerkungen und fragt auch nicht.

Wieder an der Wohnungstür beantwortet Rudi den hoffnungsvoll fragenden Blick meiner Frau mit "tot".

Ich lege mich auf die Couch, starre an die Decke. Der Schwiegervater geht, das ist keine Stimmung zum Bleiben. Gegen 20 Uhr versuche ich mich mit Fernsehen abzulenken. Weder Ohren noch Augen nehmen etwas wahr. Ich sehe die Bilder vom Morgen, höre das unnatürliche Atmen der Frau. Grausam. Immer wieder stelle ich mir quälende Fragen. Bist du zu schnell gefahren? Nein! Hat das weiße Kennlicht, das dir Gewissheit über das Blinken des Andreaskreuzes gibt, auch wirklich gebrannt? Ja! Hast du den Rangierer im Blick gehabt? Ja!

Warum hast du nicht früher gebremst? Warum bist du nicht deinem unguten Gefühl gefolgt, dass hier was faul ist und hast wenigstens die Kraft der Lok abgeschaltet? Vielleicht hätte das ja gereicht, dass er noch vorbeikommt...
Mensch Peter! Die Frau ist tot!
Gegen 22 Uhr legen wir uns nieder, irgendwann schlafe ich dann doch ein.
Plötzlich rüttelt Anne mich aus dem Schlaf. "Es geht los, glaube ich." Ich gucke wohl etwas ungläubig. "Na, ich hab Wehen."
Mich sammelnd schaue ich zur Uhr. Kurz nach 23 Uhr. "Du bist eine arme Sau", denke ich ausnahmsweise voller Selbstmitleid. Sofort habe ich mich wieder im Griff. "Du ziehst dich an, wartest gleich vor der Haustür und ich laufe zur Telefonzelle, den Krankenwagen rufen." Es ist die gleiche Zelle wie am Nachmittag. Ich reiße mich zusammen.
Der Wagen ist bestellt und wir laufen, die Goethestraße hinab, ihm ein Stück entgegen. Müssen immer wieder stehen bleiben. Mir wird Angst und Bange, ich will nicht noch Geburtshelfer sein. Endlich! Wir sind schon fast an der Zwickauer Straße, da biegt der "Sankra" ein. Ich winke. Er hält. Mit Blaulicht geht es nach Rabenstein, man tut, als ob es Eile hätte. Weit gefehlt! Die Anne ist in der Obhut der Schwestern und ich sitze beim Pförtner. Es ist gegen 1 Uhr am 23. Dezember 1966. Ein Arzt fährt in die Stadt, fragt, ob ich mitkommen will. Hier bin ich sowieso überflüssig. Mehr als dankbar, nehme ich das Angebot an.
Wieder zu Hause in der Goethestraße lege ich mich ins Bett. Aufgewühlt. An Schlaf nicht zu denken. Jetzt brauche ich jemanden zum reden, sonst werde ich wahnsinnig.
Da fällt mir ein, dass Vater doch heute Nacht gegen 3 Uhr Feierabend hat. Kurz entschlossen stehe ich auf. Aber-Mist! Mein "Troll" steht noch am Südbahnhof, ich bin ja mit dem Dienstwagen nach Hause gefahren worden.
Das kann mich nun auch nicht abhalten. Ich eile zu nächtlicher Stunde durch den Stadtpark, trete meinen Roller an und fahre Richtung Hilbersdorf. Mich friert, es ist eisig kalt. Aber egal. Ankommen und bei der Mutter ausheulen. Fast habe ich mein Ziel erreicht, da schlingert das hintere Rad plötzlich so, dass ich beinahe stürze. Ich habe einen Platten. Aber das ist jetzt auch egal. Ich halte nicht einmal an, um nachzusehen, fahre die 3 km noch. Frustriert wie selten in meinem Leben, halte ich den "Troll" mühsam in der Spur.
Mutter, diese Seele ist noch wach, wartet nachts auch auf ihren Walter. Das lässt sie sich nicht nehmen. Aber statt seiner komme erst einmal ich. Besorgt sieht sie mich an. Instinktiv weiß sie, dass etwas Außergewöhnliches passiert sein muss. "Komm Hedwig! Lasse mich erst mal in Ruhe bis der Vater kommt, dann muss ich die ganze Scheiße nur einmal erzählen."
Keine zehn Minuten später kommt mein Vater vom Dienst. Er ist sichtlich erstaunt mich bei sich daheim zu dieser Zeit zu sehen. Natürlich weiß er bereits von dem tragischen Ereignis, aber dass ich darin verwickelt bin, weiß er noch nicht.
Von Mutter liebevoll zugedeckt, schlafe ich bis gegen 8 Uhr auf dem Sofa wie ein Toter. Beim Erwachen fällt mir als erstes Anne ein. Wir haben ja jetzt ein zweites Kind. Wieder laufe ich zur Telefonzelle. Nein, noch nicht angekommen, erfahre ich. Das Baby lässt sich Zeit. Gegen 10 Uhr des 23.12.1966 bringt Anne die neun Pfund schwere Tochter, Katharina, zur Welt...

Nachspiel

Ein menschliches Urteil

Weihnachten 1966: Am 22. der Tod der jungen Frau, am 23. die Geburt meiner Tochter, am 24. meine Mutter als Weihnachtsmann für unseren 4-jährigen Sohn. Ich hinke dem Lauf der Dinge hinterher, stehe noch immer neben mir. Den Heiligabend und am ersten Feiertag habe ich frei. Den 26. Dezember nehme ich noch zusätzlich, verbringe so viel Zeit wie möglich bei Anne und der Kleinen in der Klinik. Das bringt mich vorübergehend auf andere Gedanken, gibt Kraft. Am 27. geht es wieder weiter auf dem Südbahnhof. Der Rangierleiter Andreas Thomsen und ich sehen uns bei der Begrüßung ernst an. Wir hatten uns, seit er am 22. zum Telefon rannte, nicht mehr gesehen und auch nicht gesprochen. "Mensch Andreas! Wie konnte das passieren? Warum hast du nicht abgewinkt? Du hättest erkennen müssen, dass da ein Schlamassel auf uns zukommt?! Ich hab gedacht, der Wartburg muss doch mal halten." "Hör auf Peter! Glaub mir, ich war wie gelähmt, konnte mich nicht rühren."

Der Mann, so jung wie ich, kann meine Vorwürfe nicht ertragen. "Gut, Andreas. Lassen wir die Sache erst mal ruhen. Die Gerichtsverhandlung wird Klarheit bringen. Aber eins ist sicher - der ist bei Rot gefahren, nicht wir!" Wir gehen ohne weitere Worte an unser Tagwerk.

Sieben Wochen später, am 17. Februar 1967, sind wir beide als Zeugen zur Verhandlung geladen, ebenso Andreas´ Chef vom Südbahnhof. Im Gerichtssaal wird der Fahrer des Unfallautos vom Richter nach dem Unfallhergang befragt.

"Ich habe mich nicht auf den Verkehr konzentriert, wir unterhielten uns. Den schrillen Alarmton (damit meint er das Typhon unserer V 60) hielt ich für eine Fabriksirene, habe ihn nicht mit mir in Verbindung gebracht." Die Aussagen des Mannes wirken monoton und emotionslos, nahezu unbeteiligt. Er versucht nichts zu beschönigen, redet sich nicht heraus. Offenbar hat er das ganze Ausmaß noch nicht begriffen, geschweige denn bewältigt.

Der Angeklagte war kurz vor dem Mauerbau in den Westen abgehauen. In Einsiedel, bei Karl-Marx-Stadt, lebte sein Vater, ein Handwerker, den er über Weihnachten besuchte. Am Tag des Unglücks wollte der 42-jährige mit dem Wartburg des Vaters zum Grab der Mutter, um einen Kranz niederzulegen. (Den Kranz hatte ich auf dem Rücksitz wahrgenommen, aber nicht weiter beachtet.) Neben ihm saß seine junge Freundin, gerade 19 Jahre alt und im dritten Monat schwanger.

Der Richter befragt nun meinen Kollegen, den Rangierleiter, nach seinem Verhalten auf der Spitze der Rangierabteilung. Andreas gibt ihm die gleiche Erklärung wie mir. "Ich war entsetzt - gelähmt vor Schreck, unfähig zu reagieren!" Richter Hartmann nickt, stellt keine weiteren Fragen. Nun bin ich dran. Ich schildere die Situation nach besten Wissen und Gewissen aus meinem damaligen Blickwinkel vom Führerstand, ca. 50 m entfernt. "Welchen Eindruck hat der Angeklagte auf sie gemacht, als sie an das Auto kamen?" "Er war nur um die Frau besorgt, bat inständig um Hilfe." Der Richter nickt wieder, als ob meine Aussage seinen eigenen Eindruck nur bestätigt. Das Urteil soll nun gesprochen werden. Ich bange um den Angeklagten. Wird man den Unfall zum Anlass nehmen, um ihm auch die Republikflucht vorzuwerfen? Oder wird man die Republikflucht zum Anlass nehmen, um ihn härter als üblich für seine Fahrlässigkeit mit

tödlichem Ausgang zu bestrafen?
Richter Hartmann erhebt sich, mit ihm die Anwesenden im Saal: "Ich verurteile den Angeklagten zu 18 Monaten auf Bewährung. Ich glaube, dass er mit dem Tod seiner Freundin, den er aus Unaufmerksamkeit verschuldet hat, genug gestraft ist."

Nicht mein Fall

Kaum selbst belehrt, soll ich schon andere belehren

Ein Lehrgang an der Lokfahrschule in Halle/Saale, wo ich auch schon mein Dampflokführerpatent erworben habe, soll mich zum Führen einer Diesellok der BR V 200 befähigen. Zehn Tage nach dieser "Schnellbesohlung" darf ich sofort diese sowjetische Großdiesellok mit dem langsam laufenden Schiffsmotor (Typenbezeichnung 14D40) und dem unnachahmlichen ram, ram, ram, ram, "lenken".
Es hatte auch Eile, denn vier dieser 2000 PS Loks stehen schon in Hilbersdorf im Rundheizhaus und nur zwei Kollegen sind bisher dafür ausgebildet. Im Moment also totes Kapital, Planwirtschaft à la Sozialismus. Wir fahren noch mit Beimann, alles ausgebildete Lokheizer, die jetzt einen schönen Lenz schieben. Statt mit Schaufel und Stoßeisen um Wasser und Dampf zu kämpfen, machen sie nun ab und an mal einen Kontrollgang während der Fahrt durch den Maschinenraum und lesen die Abgastemperaturen der einzelnen Zylinder ab. Völliger Blödsinn, nebenbei bemerkt. Denen hätte ja sonst was bei Volllast des Motors um die

Gerade angekommen sind im April 1969 die ersten vier V 200 als Lokzug in Karl-Marx-Stadt - Hilbersdorf. Allerdings mangelt es noch an Fachleuten, welche die neue Baureihe auch bedienen können.
Sammlung: Matthias Hengst (Foto: P. Saby)

Ohren fliegen können. (Das Betreten des Maschinenraumes bei Lastfahrt wurde auch später verboten.)
Ansonsten immer das Panorama der Landschaft und die auf- oder untergehende Sonne, je nach Tageszeit, vor Augen. Wenn die schönen Bilder dann der Nacht weichen, übertönt oft lautes Schnarchen im Führerstand die gewiss nicht leisen Töne des 14D40.
Meinem lieben Fritz Hartwig, den ich später planmäßig als Beimann bekomme, ist das immer sehr sehr peinlich. Er verspricht mir als Wiedergutmachung die Augen offen zu halten, wenn wir beispielsweise 40 Minuten auf dem Überholungsgleis eines Bahnhofes stehen. Oft passiert es dann aber, dass uns beide ein Bahnhofsbediensteter barsch mit einem: "Wenn ihr ausgeschlafen habt, könnt ihr ja mal weiterfahren, ihr habt schon 10 Minuten frei", weckt, ist das dem guten Fritz noch viel unangenehmer als mir. Etwa 20-25 Jahre älter als ich, könnte er mein Vater sein. Drei Jahre, bis die Beimänner quasi durch die Sicherheitsfahrschaltung endgültig ersetzt werden und die Lokführer allein auf Tour gehen, fahren wir zusammen. Nicht einen Apfel, den er aus seiner Tasche holt, isst er allein. Der würde ihm gar nicht schmecken. Der Fritz liebt mich wie einen Sohn. Er hat nur ein Kind, eine Tochter. Die Stelle des Sohnes ist sozusagen unbesetzt.
Ach ja, meinen Urlaub würde ich gern so verbringen, wie die Beimänner ihren Dienst, denke ich so manches Mal. Am Anfang ist die V 200 050 unsere Planlok und es gibt immer lange Gesichter bei Dienstbeginn, wenn Fristuntersuchung oder gar außerplanmäßige Reparaturen anstehen. Da bekommen wir nämlich wieder einen Bello, ebenfalls 2000 PS, aber die müssen ja per Hand erarbeitet werden. All zu schnell gewöhnt man sich an Leichteres. Noch länger werden unsere Larven, als dank der Planwirtschaft nach ca. acht Wochen die "Taigatrommeln, Steppenwölfe, Eisenschweine oder Wummen" in Richtung Cottbus auf vorerst Nimmerwiedersehen entschwinden und wir "zurück zu alten Ufern" kehren, also wieder malochen müssen.
Ich bekomme den Anwärter Mauersberger, Freddy als Heizer und die 44 349 als Planlok. Mit dem habe ich meine liebe Mühe und Not. Nicht dass er zu faul zum Arbeiten gewesen wäre, das nicht, aber zum Denken schon. Betriebsgruppenleiter Liebrecht, der meine Probefahrt abgenommen hatte, spricht mich also eines Tages an und bittet mich darum, dass der Mauersberger bei mir seine Belehrungsfahrten absolviert. Das ist neu. Ich soll zur Schaufel greifen, der Mauersberger fährt und der Betrieb hat einen Mann gespart. Die Verantwortung "für det Janse" habe natürlich ich. Na prima! Bisher war üblich, dass Anwärter ihre Belehrungsfahrten bei einem erfahrenen Lehrlokführer machen, wie ich damals bei Meiser und Schulitz. Selbstverständlich als dritter Mann auf einer Lok und so ging dem Betrieb für diese Zeit eine Arbeitskraft verloren. Ich will mir Bedenkzeit erbitten, aber der Liebrecht ist schlitzohrig genug, mir die Sache schmackhaft zu machen. "Also, Lokführer Bernhardt, in ihrem Alter, mit beiden Beinen auf dem Boden, und Angst vor der Schaufel haben sie doch auch nicht, das wäre die Gelegenheit für später oder nicht?" Der will das Ding unter Dach und Fach haben, gibt mir die Hand und setzt noch einen drauf. "Also, ab morgen zählt beim Mauersberger: ein Dienst - eine Belehrungsfahrt. Sie brauchen ja nicht den ganzen Tag zu schippen. Suchen Sie sich einfach immer die einfachere Tour raus." Regelgerecht wären bei einem Dienst zwei Belehrungsfahrten gewesen, eine für die Hin- und eine für die Rückfahrt. Aber da hätte ich ja gleich wieder als Heizer fahren

können. Auch eingedenk der freundlichen Behandlung durch Liebrecht bei meiner Meisterfahrt als Anwärter gebe ich jetzt mein Einverständnis. "Geht klar. Machs gut Peter, ich bin der Hans", dreht er sich auf dem Absatz und lässt mich stehen. Aha, per "du" mit dem Gruppenleiter in meinem Alter, da kann man auf spitze Bemerkungen am runden Tisch in der Kantine hoffen. Anderseits fühle ich mich schon gebauchmietzelt. Beim nächsten Dienst lasse ich also den M. an den Regler und die Bremse der 44 349 und greife zur Schaufel. Meinem Naturell entsprechend suche ich mir zum Feuern natürlich nicht nur die Talfahrten aus, sondern mache mit ihm exakt Halbe/Halbe. Heute Talfahrt feuern, morgen fahren. Er soll ja alles und bei jedem Wetter lernen, wie ich noch vor kurzem. Mit dem M. habe ich dann bereits fast am Ende dieser ominösen Belehrungsfahrten ein deftiges Erlebnis auf der Schiene.
Von Borna bei Leipzig kommend, fahren wir gegen 22 Uhr mit dem Brikettzug 7997 und der 44 591 mindestens eine Stunde vor Plan im Bf Küchwald ein. Bf Küchwald ist der vorgelegene vor dem Hilbersdorfer Rangierbahnhof und da der 7997 Annaberg-Buchholz zum Ziel hat, ist hier Lokwechsel. Wir müssen also nur noch Lz ins Bw (2 km) fahren und können auf einen zeitigen Feierabend hoffen. Der M. ist am Regler an diesem Tag von Borna - Hilbersdorf und ich habe das Reservefeuer zum Abstellen der Lok schon fertig und gucke jetzt nach dem Ausfahrsignal für unsere Lz-Fahrt. Dabei sehe ich, die Ausfahrt des Bf Küchwald verläuft in einem Linksbogen, die übernehmende Lok der BR 50 von Hilbersdorf kommen. Auch kann ich noch beobachten, wie der Stellwerker (die kamen mit Tender voran) dem Lokführer mit der roten Lampe Haltesignal gibt. Kaum ist dieser zum Stehen gekommen, haben wir "frei". "Ausfahrt frei, Vmax" rufe ich dem M. zu. "Bissel hopp, wir wollen heute was gut machen." Das bedeutet, dass ich nicht erst 0.30 Uhr, also zum planmäßigen Feierabend, wegtreten will. Der Freddy lässt sich nicht lange bitten, grün ist grün und Vmax, da gibt es keine Ängstlichkeiten. Der Bello nimmt Fahrt auf. Aber oh Graus, plötzlich richten sich meine Haare unter der Mütze auf, der steht ja noch in der Weiche in unserem Gleis. "Mach fest", brülle ich so laut ich kann. Der Freddy reagiert wie ein Routinier, erst Zusatzbremse in Endstellung "Bremsen", dann Sand auf und Regler zu. Aber den Aufprall kann er nicht verhindern. Blitzschnell ducke ich mich und presse meinen linken Arm instinktiv an den Bosch-Öler. Damit will ich vermeiden, dass ich irgendwo dagegen fliege. Es kracht fürchterlich. Neben mir knallen der Zweizahn und die lange Kratze aus dem Köcher im Tender gegen die Stehkesselrückwand. Alles, was nicht fest verankert ist, fliegt durch die Gegend. Finsternis auf der Lok und ein hässliches Geräusch von ausströmendem Dampf nehme ich als Erstes wahr. Danach gucken wir beide uns betroffen beim Schein der Bahnhofslampen an und ich stelle eine Schramme in Mauersbergers Gesicht fest. Keine Lebensgefahr und auch ich habe mich gut abgeduckt. Wir stehen jetzt genau gegenüber vom Stellwerk und ich muss erst mal ein "Dich hat wohl der Hafer gestochen, als du unsere Ausfahrt gezogen hast?" rüberbrüllen. Der Stellwerksmeister aber ist schon kreidebleich. Mir fällt jetzt ein, dass, kurz bevor ich Schutz hinter dem Bosch-Öler gesucht habe, die beiden von der 50er auf der rechten Seite ihrer Lok, in die wir gekracht sind, geguckt haben. Ich springe hinüber, die leben noch. Kein Spaß. Wir haben genau die Mitte der 50er getroffen, also die Luftpumpe und damit diesen Koloss fast komplett aus dem Gleis gerammt. Das erste Drehgestell vom Tender und alle Kuppelachsen liegen im Dreck. Außerdem hat die Lok beängstigende Schräglage.

Nicht auszudenken, wenn die noch drei bis vier Meter weiter vorn zum Stehen gekommen wären. Genau ins Führerhaus wären wir gedonnert. Und die beiden auf der rechten Seite. Jäh ist der Traum vom zeitigen Feierabend ausgeträumt. Es ist kein Personenschaden entstanden. Den Freddy versorge ich fachgerecht mit einem Pflaster aus dem Sanikasten. Dann treffen Hilfszug, Transportpolizei und Leute, die sich einbilden, hier was zu tun zu haben, ein. Zum Beispiel unser Sicherheitsinspektor, ein gewisser Herr Bergt, der sich auf Grund seiner "strengen Regelauslegung" in unseren Kreisen sehr unbeliebt gemacht hat. Vor Jahren waren wir zusammen in der Lehre und ich habe um diesen arroganten Sack immer einen Bogen gemacht. Aber hier lässt sich der Kontakt nicht vermeiden. Der Sesselfurzer hat heute Nacht "Hilfszugbereitschaft" und nimmt die Unfallanzeige mit mir auf, anschließend noch mit dem Lokführer Dittes von der 50er. Das dauert. Allmählich hat der Hilfszug dann die beiden Loks auseinandergepopelt. Da ist es schon 3 Uhr. Die 50er ist auch aufgegleist und zurückgezogen worden. Wir könnten abfahren, unsere Weiche ist frei. Der Bello ist fahrtüchtig. Mein Freund Bergt aber stellt fest, dass ein "Kotzrohr" abgerissen ist. Das bedeutet, dass der völlig entspannte Dampf der über die Kolbenringe der "Karl-Schultz-Schieber" nach vorn oder hinten durch die Kotzrohre unten an dem Zylinder auszutreten hat, nun an der Abrissstelle des Kotzrohres austritt. Das bewegt diesen Bergt. Nach seiner Meinung könnte ein - neben dem Gleis laufender Bediensteter verbrüht werden. Er untersagt uns die Fahrt mit eigener Kraft nach Hilbersdorf. Es wird eine Rangierlok der BR V60 vom Bf Hilbersdorf bestellt. Die schleppt uns ab. Ungefähr 6 Uhr haben wir dann Feierabend und der Bogen, den ich danach um Bergt mache, hat einen noch größeren Radius. Trotzdem wird im Nachhinein von der Werkstatt bei der Untersuchung der 44 591 ein Riss im linken Zylinderblock festgestellt. Das "Aus" für die 591, der Planlok meines Plangemeinschaftsleiters Stanke. Auch einer von den Hysterischen, die glauben, dass man für eine Großdiesellok sowjetischer Bauart der BR V 200, gleich drei Dampflokomotiven auf den Rand stellen könne. Ein fataler Irrtum. Die 44 591 frisst später ihr Gnadenbrot in der Papierfabrik Göritzhain als Heizlok.

Die Belehrungsfahrten von Mauersberger sind zu Ende, da fängt der Liebrecht erneut an rumzuningeln. "Hat doch gut geklappt mit dem Mauersberger! Mensch Peter, könntest du nicht noch den Wolters auf dieselbe Tour die Belehrungsfahrten bei dir machen lassen?" "Ich sag es dir jetzt mal ganz ehrlich, Hans, es gefällt mir nicht, dass ich für euch den Dreckeimer mache. Aber da du es bist, der mich drum bittet, ist die Sache schon in Ordnung. Wenn es der Alte gewesen wäre, würde ich das ablehnen, das weißt du. Schon der Mauersberger hat mir mit seiner Faulheit, nicht an der Schaufel oder am Regler, sondern beim Lernen, schwer zu schaffen gemacht. Wenn Freddy wegen mangelhaften Wissens durch die Prüfung fliegt, zeigen die Leute auf mich und sagen na ja, was will der denn bei dem jungen Schnips schon lernen, der gehört doch selber noch zu denen, die noch nicht trocken hinter den Ohren sind." "Mach dir darüber mal keine Sorgen, wir sind ja auch noch da", so der Hans. "Also machste´s nu mit dem Wolters oder nicht?" "Na klar, mach ich´s. Haste doch schon vorher gewusst, dass, wenn du mir so kommst, ich nicht nee sagen kann."

Der Wolters ist mir von vornherein nicht besonders sympathisch. Etwa 20 Jahre alt, klein, schwarz, drahtig und faul. Der bringt mich schon hin und wieder in Rage. Wenn wir in

Wittgensdorf beispielsweise kurz vor Feierabend auf dem Überholungsgleis stehen, muss ich ihn nötigen die Pumpen (also Speise- und Luftpumpe) nachzusehen und bei Bedarf Öl zu ergänzen. "Oder willste das dann nach Feierabend im Haus machen? Und guckste mal nach dem Sand bei der Gelegenheit, denn oft genug haste den Sandstreuer von Borna bis hier hoch unnötig bedient. Es gibt Lokführer, die brauchen fast so viel Sand wie Kohle, hoffentlich wirst du nicht einer von denen!" Richtig angefressen bin ich manchmal, aber die absoluten Heizerarbeiten wie Abölen oder Sand laden, lasse ich mir nicht auch noch aufzwingen. Schließlich habe ich die Verantwortung. Nicht nur, dass ich feure! Wenn einer von denen übers Signal geht, muss ich das fressen. Da kommt mir der Wolters mit seiner dreisten Art gerade recht, um Frust abzubauen. Sag ich doch eines Tages bei den Abschlussarbeiten auf dem Ausschlackkanal zu ihm: "Also Klaus, geh mal hoch und mach den Umlauf vom Tender sauber." Damit ist gemeint, dass Kohlen, die beim Laden auf den Tenderumlauf fallen und dort liegen bleiben, grob auf den Tender geschaufelt werden und dann der Umlauf abgekehrt wird. Sagt doch Wolters zu mir: "Wenn dich die Kohlen auf dem Umlauf stören, muss de selber hochgehn und se wegräumen." Bei meiner Antwort auf diese Unverschämtheit legen im Umkreis von ca. 50 m alle die Ohren an, schließlich sind wir nicht die einzige Lok auf dem Ausschlackkanal. Aber eins ist mir trotzdem nicht in den Sinn gekommen - zum Liebrecht zu gehen und zu sagen: "Hans, den Wolters nehme ich aus den und den Gründen nicht mehr mit." Der hat seine Belehrungsfahrten bei mir zu Ende gebracht und so hab ich das ein Arbeitsleben lang gehalten und bin gut damit gefahren. Sich selbst mit dem Jeweiligen auseinander setzen und gut! Denn irgendeiner hat es schon mal auf den Punkt gebracht: "Der größte Lump im ganzen Land, das ist und bleibt der Denunziant."

Da ist mir einer abgegangen

Vom tragischen Ende eines Waggons, der seine eigene Schiene fahren wollte

Sommer 1969. Gegen 4.00 Uhr morgens geht die Sonne auf. Aber bis es soweit ist, haben wir noch einiges vor uns.

Als Fahrgäste kommen Beimann Elias und ich gegen 23.00 Uhr in Ostrau an. Hier sollen wir den Dg 50201 ablösen und nach Hilbersdorf bringen. Bald drei Jahre sind wir schon ein Team. Durch die Umstellung von Dampf auf Diesel und die damit verbundene Personalumstrukturierung wird er in Kürze eine Rangierlok der BR V 60 "lenken". Ein Muster an Zuverlässigkeit, der Junge, zwei Jahre älter als ich.

In Ostrau, da gibt es doch den Arthur. Und eben dieser Arthur hat heute Nachtschicht. Ein bisschen älter ist er geworden, noch herber, aber genauso stramm wie damals zu unseren Dampfzeiten mit dem Dg 7408. Seitdem sind etwa fünf Jahre vergangen. Man hat sich nie wirklich aus den Augen verloren. "Na, Arthur, noch alles paletti in Ostrau?" begrüße ich den Betagten flapsig, "muss ja, wenn du noch da bist." Waldemar Elias, ein gutmütiger Schweiger, hatte sich in Erwartung des Disputs, der sich nun entspinnen wird, eingelächelt. "Also hör mal, Kollege Lokführer", entgegnet er dienstlich - nicht ohne Süffisanz - "euer Zug hat drei Stunden Verspätung." Dem Waldi und mir gefriert das Schmunzeln auf den Lippen. "Drei Stunden? Na

Im Hilbersdorfer Ringlokschuppen stehen die ersten V 200, im Bild erkennbar V 200 101 und V 200 099, am 13.06.1969. Mit diesen aus der damaligen Sowjetunion importierten Maschinen begann hier die Traktionsumstellung. Sammlung: Ronny Preußler

Am 21.06.1970 war in Karl-Marx-Stadt - Hilbersdorf die V 200 bereits auf dem Vormarsch. Die letzte 44er, 44 2660, fuhr noch als Dispolok bis zum 23.05., auch die 58er (links im Bild) wanderten langsam auf den "Rand". Sammlung: Ronny Preußler

prima Arthur, da haste wohl kräftig dran gedreht oder?", versuche ich ihn zu provozieren. Aber Arthur lässt sich nicht locken: "Hör mal, du Pimpf, wir kennen uns schon ´ne Weile und du müsstest wissen, dass ich das letzte Licht auf dieser Strecke bin! Wollt ihr erst mal ´nen Kaffee?" Dankend nehmen wir an. Beim Kaffee versuche ich erneut anzufädeln. "Du kannst ja jetzt eigentlich drei Stunden nach Hause gehen. Du wohnst doch hier gleich um die Ecke. Legst dich zu deiner Frieda ins Bett. Deine fünf Signal- und Weichenhebel, bedient der Waldi im Halbschlaf und damit auch ich schlafen kann, machen wir hier auf deiner Klitsche das Licht aus!" "Nee, nee, vor sechse darf ich nicht zu Hause sein! Kannst dir vielleicht denken warum ..." Er verzieht keine Miene bei seinen Worten. "Aber ich mache euch jetzt einen Vorschlag, ihr armen Schweine. Ich schließe jetzt die Gepäckabfertigung auf, da sind zwei Tische drin, auf die könnt ihr euch legen und eure Taschen als Kopfkissen benutzen." "Na prima, als du gedient hast, kann es auch nicht viel schlimmer gewesen sein", reagiere ich säuerlich. "Wenn´s euch nicht passt, könnt ihr auch die drei Stunden auf dem Bahnsteig auf euren verspäteten 50201 warten", so die emotionslose Antwort. Ich bezahle unseren Kaffee. "Komm, nimm die Schlüssel vom Gepäckraum, Arthur. Wir wollen noch ein Stündchen ruhen und danke." Die Zeit bis zwei Uhr morgens ist schnell vergangen und Arthur weckt uns mit den Worten: "Euer Zug hat Einfahrt." Natürlich schmerzen uns jetzt die Knochen wie nach einer mittelalterlichen Folter. Aber das gibt sich schnell und soll außerdem gesund sein. Wir lösen also das Berliner Urgestein Hans Zeidler und seinen Beimann Klaus Schimmelpfennig ab. Nachdem der Zeidler uns mit diesem unnachahmlichen Berliner Dialekt (ich als Sachse würde sonst was für eine solche Schnodderschnauze geben) über den Grund der Verspätung detailliert informiert hat, begeben sich die beiden auf den anderen Führerstand. Sie wollen jetzt auch noch ein Stündchen ruhen. Wir rollen bereits eine Weile und ich schaue mal auf den Bremszettel. Mit der V 200 geht´s sowieso nur volle Pulle bergauf. Die ist einfach zu schwach (schlappe 2000 PS Motorleistung), da gibt es nichts dazwischen, es sei denn, man hat nur drei Wagen am Haken. Der Bremszettel sagt aus: 82 Achsen, 847 Tonnen, 43 Bremshundertstel. Das reicht, um die Fuhre, wenn auch nicht mehr pünktlich, so wenigstens sicher nach Hause zu schaukeln. Waldheim haben wir passiert und auch am Bk Reinsdorf geht es zügig vorbei. Zwischen Bk Reinsdorf und dem Bf Schweickershain passiert es dann: Fahrstufe 15, plötzlich Lastabwurf und Zwangsbremsung; wir stehen. Draußen graut der Morgen. Mir graut auch: "Luftschlauch geplatzt ... Los Waldi, mit dem Mutterschlüssel und dem Ersatzschlauch ab nach hinten. Ich gucke links raus, kann dich so besser sehen, wenn was ist. Hell ist es auch bis du hinten bist." Wo der Schlauch geplatzt ist, kann keiner wissen. Ob am zweiten Wagen oder am vorletzten. Aber das Rauschen der Druckluft hört man spätestens, wenn man sich nähert. Erleichtert bemerke ich an meinem Druckluftmanometer den steigenden Zeiger. Die durchgehende HLL ist offenbar erstmal wieder dicht. Waldi kommt zurück. "Was is´n ?" "Können nicht fahren, da stimmt was nicht. Habe den Lufthahn am letzten Wagen geschlossen, zwischendrin war nix. Aber da sind keine Schlusslampen drauf und die Kuppelkette ist auch fort. Habe nur den Zughaken und den herunterhängenden Luftschlauch gesehen." "Mensch Waldi, du spinnst wohl? Haste sonst noch was gesehen?" "Nee, gar nischt". "Jetzt geh ich hinter und guck, was da los ist!" Ich reiße den Bremszettel vom Haken. Zeidler und Co scheinen auf dem hinteren Führerstand ins Koma gefallen zu sein. Egal. Aufgeregt ziehe ich los und zähle die Achsen. Ich bin hinten und bei achtzig ist Schluss. Auf dem Bremszettel stehen aber zweiundachtzig Achsen. Der Waldemar hat Recht. Mir wird klar, dass wir einen zweiachsigen Wagen verloren haben. Aber wo? Der müsste doch durch das Auseinanderreißen des Zuges am Berg und bei unserer geringen Geschwindigkeit höchstens vierzig Meter entfernt stehen. Mittlerweile ist es hell und ich kann fast bis zum Pfaffenbergtunnel vor der Einfahrt Waldheim gucken. Kein Wagen. Ich bin entsetzt. Wir haben den Wagen verloren. Der Kuppelbolzen hat sich durch Abscheren des Splintes und der ständigen Bewegung herausgeningelt. Der Wagen ist abgerissen! Ein Läufer ohne Bremse! Ein "Nachläufer" war damals laut BREVO (Bremsvorschrift) erlaubt - wie fahrlässig, nun haben wir den Salat. Nach Waldheim geht es hurtig zu Tale und ich wage mir kaum vorzustellen, welchen Schaden der Zweiachser jetzt dort oder noch weiter unten (Steina, Limmritz, Döbeln) angerichtet haben könnte. Ich renne wie besessen weiter zurück zum nahe gelegenen Blockwärterhaus des Bk Reinsdorf. Dort angekommen, erkenne ich durch das Fenster den Zeitung lesenden Blockwärter mit den Füßen auf der Hebelbank. Barsch klopfe ich an die Scheibe und brülle völlig außer Atem: "He, sag mal, hast du nichts gesehen? Es sieht fast so aus, als wärst du hier zur Sommerfrische!" Er legt die Zeitung beiseite, erhebt sich, kommt auf das Fenster zu und öffnet es. Offenbar hat er meine Worte verstanden. "Tja", sagt er in aufreizend bedächtigem Ton, "ich hab mich schon gewundert. Kaum seid ihr vorbei gewesen, da kommt ein einzelner Waggon zurückgerollt." "Und was hast´n da gemacht?" brülle ich schon wieder. "Da hab ich den Fahrdienstleiter von Waldheim angerufen." "Gib mir jetzt mal das Telefon, los!" Ich bin außer mir. Er reicht es mir durchs Fenster "Was muss ich nach Waldheim wählen?" Der meldet sich prompt und scheint von ähnlichem Gemüt wie der Blockwärter. Nachdem ich "was is´n mit dem Wagen?" in die Muschel geschrieen habe, entgegnet er in einem Ton, in dem der Trinitatispfarrer von Seydlitz in meiner Jugend immer die Sonntagspredigt gehalten hat: "Ach der, der ist am Felsen zerschellt, den haben wir ins Baugleis gelassen und das endet dort."

Mein guter Fritz und sein gestörtes Verhältnis zum Gleisdreieck
Ein preußischer Dickschädel zwischen den Führerständen

Nachdem wir also noch einmal drei Monate gezwungen sind, heiß und fettig zu fahren, kommt nun die zweite Generation Großdiesellokomotiven vom Großen Bruder. Die sind jetzt also für die Ewigkeit.

Als Beimann bekomme ich - na wen wohl? - meinen guten alten Fritz Hartwig. Fritz - immer ein wenig unbedarft, aber das macht ihn wohl so liebenswert.

Einer der gemeinsamen Nachtdienste führt uns nach Riesa an der Elbe. Wir bringen einen Umspanner in den Personenbahnhof. Zurück nach Karl-Marx-Stadt soll es dann ab dem Rangierbahnhof Riesa gehen.

Der Gleisplan in Riesa ist so gestaltet, dass wir beim Umsetzen nach dem Rangierbahnhof ein Gleisdreieck befahren. Dabei wird die Lok gedreht (ohne Drehscheibe). Immer wenn wir nach vorn vom Zug aus der Weiche fahren und ein Führerstandwechsel ansteht, will Fritz meine Tasche mit zum anderen Führerstand nehmen. Das tut er, damit "der arme Junge", der schon

120 245 fährt mit Dg Senftenberg - Karl-Marx-Stadt in das Riesaer Gleisdreieck ein. Aufgenommen vom Stellwerk 4. Foto: R. Scheffler

Brems- und Fahrtrichtungswendeschlüssel (zusammen ca. 250 g) einschließlich der Verantwortung zu tragen hat, nicht zu sehr belastet wird. Mittlerweile ist das zum Ritual geworden. Wir beide befahren wohl zum zehnten Mal ein solches Dreieck, aber noch immer ist für ihn die Logik des Vorgangs nicht nachvollziehbar. So wiederhole ich also zum x-ten Mal: "Fritz, du kannst heute unsere Taschen hier lassen, wir fahren durchs Dreieck". Das kommt dem Fritz auch diesmal spanisch vor und der preußische Dickschädel widerspricht wie erwartet. "Na gut", sage ich dann in sanftem Ton "wenn die Tasche hinten ist und du dich überzeugt hast, dass sie auf diesen Führerstand gehört, bringst du sie wieder zurück. Oder ich verweigere die Heimfahrt, weil ich auf dem Führerstand dann nichts zu essen habe. Ach, und noch was Positives, mein Lieber. Den Führerstand II brauchst du heute nicht zu reinigen!" Das begreift er. Wie ein ertappter Schuljunge setzt er sich, nachdem er die Lok an unseren Zug gekuppelt hat, in die Ecke. Dann öffnet er seine Tasche und holt einen Apfel hervor . . . Die gute Preußenseele wurde nicht nur von mir des Öfteren wegen Übereifers im Dienst belächelt.

Fast ungebremst mit Fritz nach Tharandt

Polnische Bremsen halten was sie versprechen: Nichts

Ein andermal haben wir 21.00 Uhr Dienstbeginn. Fritz ist pünktlich wie ein Maurer, ich komme wie immer auf die letzte Minute. Wir erhalten vom Lokleiter den Auftrag Lz bis Freiberg zu fahren, um dort einen Zug "Rote Erde" nach Senftenberg zu übernehmen. Bereits bei der Bremsprobe fängt der Mist an. Wir müssen an sieben verschiedenen Stellen im Zug sieben Wagen aussetzen, weil die bei der Bremsprobe nicht mitmachen oder der Wagenmeister andere Mängel feststellt. Wir rangieren also mit dem vorderen Zugteil herum und am hinteren macht sich eine Freiberger Rangierlok zu schaffen. Über dem Rangieren vergeht enorm viel Zeit und schon jetzt gerät der Feierabend in Gefahr. Mit vielleicht 100 Minuten Verspätung geht es dann doch los und nachdem wir Muldenhütten und Niederbobritzsch hinter uns gelassen haben, steht

die Talfahrt von Klingenberg-Colmnitz nach Tharandt an.
"Bin ja gespannt, wie wir mit den polnischen Scheiß Boszikbremsen und gerade mal Mindestbremshundertsteln da hinunter kommen", mache ich den Fritz vorab schon scharf.
Beim Pflichthalt für Güterzüge in Klingenberg-Colmnitz teilt er erst mal zur Beruhigung einen der berühmten Äpfel. Viel fehlt nicht und es wäre für uns beide der letzte gewesen . . .
Ausfahrt frei, Vmax 45 km/h sind für die Talfahrt der Güterzüge zugelassen. Bei etwa 35 km/h leite ich also artig die erste Bremsung ein. Ich habe mit dieser Fuhre ein ungutes Gefühl. Und wie gut dieses ungute Gefühl ist, das stellt sich jetzt heraus: Bremswirkung null; Gefälle fast 40% - der Zug wird schneller. Ich gebe ihm noch eine. Die wirkt, aber nicht wie erhofft. Der Fritz guckt mich an, ich gucke den Fritz an. Der hat schon rote Ohren. Wir wissen beide, was die Stunde geschlagen hat. Der Zug wird langsam schneller, ich habe keine andere Wahl mehr und lasse bei 60 km/h alles raus - Vollbremsung. Als das der Fritz sieht, gerät er in Panik. Er steht neben mir und schreit: "Was machen wir denn jetzt, was machen wir denn bloß?" In unserer Situation langt es, wenn einer aufgeregt ist! Wäre es der Fritz nicht gewesen, hätte ich es sein müssen. So aber sage ich relativ beherrscht zu ihm: "Am besten, du gehst mal nach hinten auf den anderen Führerstand und drehst dort die Handbremse fest. Vielleicht hilft das." Diesmal hat er aber den Sarkasmus sofort begriffen und giftet mich, das einzige Mal in drei Jahren überhaupt, an: "Du erkennst wohl gar nicht, dass es hier um unser Leben geht?" "Kannste mir mal sagen, was ich machen soll? Vielleicht halte ich den Fuß mit hinaus zum Bremsen, oder was?" Aber auf sinnlose Dispute kann ich mich nicht einlassen. Insgeheim hoffe ich auf die Stelle am Bk Seerenteich. Dort geht es ein paar hundert Meter gerade hin. Vielleicht würde es helfen, wenn ich jetzt den Sandstreuer betätige und die Zusatzbremse reinhänge. Bis jetzt hatte ich die Lokbremse noch abgezogen, also nur den Zug bremsen lassen (Lokbremse als kleine Reserve sozusagen).
Mit 60 km/h nähern wir uns dem Bk Seerenteich. Ich gebe Notsignal, lege den Hebel der Zusatzbremse in die Endstellung "Bremsen" und lasse den Taster der Sandstreueinrichtung nicht mehr los. Wirkung hat das alles schon, aber wieder nicht wie erhofft. Der Bk Seerenteich ist zwar frei, der Blockwärter hat auch begriffen, dass wir abgehen, aber zum Stehen kommen wir auf der Geraden nicht. Der Zug schiebt uns mit vielleicht 30-40 km/h über diese Stelle, dann werden unsere Gesichter in dem Maße bleicher, wie der Zug schneller wird. Ich traue mich auch nicht, den Zug auszulösen und erneut zu bremsen, das hätte tödlich sein können. Wir wären dann mit vielleicht 130 km/h auf dem Tacho aus einer der vielen engen Kurven geflogen. Also belasse ich es beim Notsignal, dem Drücken des Sandtasters und festem Vertrauen auf Gott. Vielleicht war er es ja doch, der uns beigestanden hat. Der Zug wird nicht schneller als 70 km/h. Der Fdl vom Bf Edle Krone hat die Durchfahrt freigegeben, offenbar ist nichts vor uns. Die Geschwindigkeit geht dort wieder ein wenig zurück, da der Bf nicht im Gefälle liegt.
Dann kommt Tharandt. "Durchfahrt frei", brüllt Fritz. Wir können nichts mehr tun, wissen aber, dass wir gewonnen haben und liegen uns nun, eben wie Vater und Sohn, in den Armen. Fritz hat ein paar Tränen in den Augen und mir schlottern die Knie. Hurtig geht es auf dem Hauptgleis noch durch Tharandt, aber zwei drei Kilometer weiter in Richtung Hainsberg stehen wir. Völlig fertig. Durchatmen. Nicht auszudenken, wenn vor uns beispielsweise ein Personenzug im Bf Edle Krone gehalten hätte und wir aufgefahren wären. Aber auf Grund der Verspätung war

Mitternacht vorbei und zu diesen Tageszeiten drücken sich sowieso nur die "Güterzügler" auf den Schienen herum.
Heute ist das auch nicht mehr so. Da tut´s die Autobahn und nachts sind die Schienen verwaist. Der Fritz und ich, wir haben tatsächlich die Nerven und nehmen diese 120 265 wieder mit nach Hause: Ohne Bremsklötze, dafür mit ausgeglühten und eingeschliffenen Hängeeisen, fahren wir sie in unsere Werkstatt. Aber nun haben wir sogar einen vorzeitigen Feierabend. Eigentlich wollten wir ja nach Senftenberg.

Hommage an eine Lokomotive

Die 132 - meine Lieblingsbaureihe

In Lugansk, dem ehemaligen Woroschilowgrad, in der UdSSR auf dem Reißbrett entstanden, hat sie 1972 zum ersten Mal eine deutsche Schiene berührt. Von der DDR wurde das Kraftwerk auf Rädern importiert. Erst taufte man sie auf "132", später ist sie in "232" umbenannt worden. Ganze 3000 PS Motorleistung und nach Abgang der Hilfsbetriebe (Luftverdichter, Lichtmaschine, etc.) noch etwa 2700 PS Leistung am Zughaken. Eine Lokomotive - universell einsetzbar und von einem selten gutmütigen Charakter. Sogar große Stümper meines Berufsstandes kommen mit ihr zurecht. Wer sie mit Gefühl und Verständnis bedient, für den scheint die Sonne im Job. Als ich noch mit ihr unterwegs war, schien sie für mich fast immer . . .
Nur Ignoranten nannten sie abfällig "Kreml - Wanze"!
Über 20 Jahre bin ich auf diesen Loks zu Hause gewesen. Nach einer Phase der "gegenseitigen Gewöhnung" - ähnlich wie in einer Beziehung, war mir die Bedienung dieser Baureihe in Fleisch und Blut übergegangen. Oft hatte ich das Gefühl, ein Waldspaziergang bei Vogelgezwitscher sei anstrengender, als eine 132 zu fahren.
Aus heutiger Sicht kaum vorstellbar, dass dieses Traumboot, diese "Ludmilla", die Russen konstruiert und gebaut haben. Anleihen hatten sie aufgenommen bei: Knorr-München (Bremse) und Hassler-Bern (Fahrtenschreiber). Und überhaupt war sie ein RGW-Gemeinschaftsprodukt. Gelungen, wie ich meine.
An einige erinnere ich mich noch ganz genau, entweder wegen ihrer Macken oder aber wegen besonderer Vorfälle: Da war beispielsweise die 132 033, eine üble Dreckschlampe, überall und immer Öl- und Wasserlachen im Maschinenraum - aber zuverlässig wie ein alter Ackergaul.
Oder die 132 157, auch so ein verlässliches Eisenschwein, bis sich eines Tages der Motor wegen eines Kurbelwellenbruchs verabschiedete. Danach ist sie nie wieder aufgetaucht.
Und dann die 132 124, sie kam leider nicht einmal aus den lokomotivischen Kinderschuhen heraus. Lokführer Bonatsky hat sie in Riesa bei einem Zusammenprall geschrottet.
Die 132 132, Spitzname "Moped", war jahrelang meine Planlok. Sie kam nicht so richtig in die Gänge, bissel faul halt und wäre es nach Leistung gegangen, hätte sozusagen ein Mopedschein zu ihrer Bedienung genügt. Das behaupteten zumindest böse Zungen zum Leidwesen meines Brigadekollegen Dieter Krause. Der brachte es fertig, während der nächtlichen Dienstpausen in Berlin die Maschinenraumdecke der 132 132 mit "Glanzoform" so lange zu putzen, bis ihm das Putzmittel zu den Hosenbeinen wieder hinauslief, anstatt sich aufs Ohr zu hauen. Eines

Die "Dreckschlampe" 132 033 mit einem Reisezug nach Karl-Marx-Stadt auf dem Berliner Ostbahnhof, aufgenommen in den 1980er Jahren. Sammlung: Ronny Preußler (Foto: Lothar Dietrich)

Morgens, als er dreckverschmiert dann doch gegen 3.00 Uhr die Lokschlüssel zum Lokleiter brachte, um noch ein Stündchen zu ruhen, fragte ihn dieser: "Mann! Männeken! Wat hast´n jemacht? Biste durch´n Schalldämpfer jekrochen oder hat dir deine eijene Lok überrollt?"
Karl Walde und Dieter Krause wollten sich auch keinesfalls freiwillig von "Moped" trennen, als diese in ein Bw im Norden der DDR umgesetzt werden sollte. Mit tränenerstickter Stimme sprachen sie bei der Reichsbahndirektion Dresden vor, baten um den Verbleib der 132 132 in Hilbersdorf - erfolglos.
Dafür bekommen wir die 132 308 direkt nach einem RAW-Aufenthalt und ich fuhr mit ihr die erste Tour. Irgendwelche Mängel bei so einer erneuten "Indienststellung" traten immer auf und prompt schieße ich beim "Frühberliner" einen Fahrmotor ab und muss den Rest des Dienstes mit "Fünfen" auskommen. (Kapitel Nebulös)
Eine deftige Klebe mit Ersatzlokanforderung habe ich mir mit der 132 268 beim "Mittagsberliner" eingehandelt. Die Drehzahlmagneten streikten. (Kapitel Wenn alles zusammen kommt . . .)
Ein bisschen wie ein Weib in den Wechseljahren, so benahm sich die 132 572, als sie in die Jahre kam. Niemand wollte den Katastrophenvogel besteigen, weil jeden Tag etwas anderes war.
Ebenfalls in unserem Bestand eine 132 638. Die setzte ich am 24. Dezember 1986 im Bf Lobstädt gegen 14.00 Uhr ziemlich hart an einen Brikettzug. Von der gegenüberliegenden Fabrik hatte sich feiner Kohlestaub auf das tagelang nicht befahrene Abstellgleis gelegt. Das wirkte wie Schmierseife. Nach dem Aufprall stieg ich mit schlotternden Knien vom sprichwört-

Die 232 237 der DB AG mit einem Regionalzug im Hp Wittgensdorf Mitte am 10.07.1994. Die Lok wurde später auf 4000 PS umgebaut und zur 232 800). Foto: Volker Dornheim

lich "Hohen Ross" herab, um den Schaden zu besichtigen: Der Lok war nichts, aber auch gar nichts passiert. Auch der erste Wagen, auf den ich geknallt bin, hat sich tapfer auf dem Gleis gehalten. Der Heiligabend war gerettet und ich betrachtete die 132 638 als Geschenk des Himmels...

Noch später, Ende der 1980er, fuhr ich eine von den umbenannten - die 232 237, bei der die Karosse bereits durchgerostet war. Während des Haltes am Burgstädter Bahnsteig stocherte ein Opa mit seinem Krückstock an meiner 237 herum und fragte mich: "Ist ihnen eigentlich klar, womit sie draußen rumfahren?" "Na, na-Vorsicht Meister, sie sehen auch nicht mehr ganz neu aus und sind sicherlich innen noch gut erhalten", schmunzelte ich ihn an.

Natürlich gab es auch Tage mit diesen vermeintlichen Traumbooten, an denen man besser zu Hause geblieben wäre. Aber, alles in allem, fiel der Abschied 1996 gerade wegen der 132er ganz ordentlich schwer.

Nebulös

Ich muss mich doch sehr wundern - diesmal über mich

Nun zurück zum "Bahnhof Seerhausen", meinem Schicksalsbahnhof, dem ich nur zu gern ausgewichen wäre, notfalls über die Felder...

Diesmal will ich das erste Mal allein nach Berlin fahren, mit dem D 570 - dem Frühberliner.

132er Parade im Rundlokschuppen des Bw Karl-Marx-Stadt / Betriebsteil Hilbersdorf, aufgenommen am 24.09.1983.
Foto: Siegfried Künzel

Meine Tasche steht schon auf der 132 408. Aber mein Brigadekollege Krause hat den Lokleiter beschwatzt und ich muss mit der 308 fahren. Die soll ab heute unsere neue Planlok werden, weil Lokführer Kramer am Vortag mit unserer 132 307 einen schweren Auffahrunfall hatte. Beinahe wäre er dabei ums Leben gekommen. Krause trägt mir meine Tasche zur 308, die er mir angedreht hat. Der Bock ist im RAW aufgearbeitet worden. Die Wehwehchen der Loks aus dem RAW stellen sich immer bei den ersten Diensten heraus.

Und es kommt wie befürchtet. Weil ich schon bissel spät dran bin, gebe ich zwischen Seerhausen und Riesa noch mal "Stoff" und schieße prompt einen Fahrmotor ab. Unterwegs von Riesa nach Elsterwerda bekomme ich noch mehrmals "LASTABWURF" und dann muss ich jedes Mal das Relais "Erdschluss" von Hand entriegeln. Das bedeutet, ich halte an und muss in die Hochspannungskammer gehen, was Zeit kostet. Hinzu kommt, ich sitze leider auf Führerstand II, muss also jedes Mal durch den Maschinenraum, weil sich die Hochspannungskammer unmittelbar hinter Führerstand I befindet.

Mit sechs Minuten Verspätung fahre ich in Elsterwerda ein und kann den abgeschossenen

Fahrmotor orten. Ich schalte ihn aus und für die weitere Fahrt stehen mir nur noch fünf zur Verfügung. Das bedeutet eine beträchtliche Leistungsminderung. Mit etwa 10 Minuten Verspätung starte ich ab Elsterwerda. Das sind sieben Minuten zu viel, denn nur drei sind mit einem Schnellzug legitim, beim Güterzug dürfen es auch mal zehn sein. Wer diese Limite überschreitet, der muss sich bei Dienstende den verhassten "Zuglaufstörungsbericht" zusammenreimen. Hat man den Schaden selbst beheben können und fährt die Verspätung Schritt für Schritt heraus, dann wird über so ein Vorkommnis großzügig hinweggesehen und der Bericht entfällt. Bei der Abfahrt in Elsterwerda bin ich entschlossen, Nägel mit Köpfen zu machen und auch mit den verbliebenen fünf Fahrmotoren die zehn Minuten bis Berlin herauszufahren. Es sind ja immer noch ca. 130 km Strecke bis dahin. Kaum habe ich jedoch den Bf Elsterwerda verlassen - ab und zu schleudert eine Achse wegen meines ungeduldigen Hochschaltens - fahre ich in eine unbeschreibliche Nebelwand. Hohenleipisch erreiche ich etwa mit Tempo 90, weil es bis dahin und danach zum Abzweig Gorden ansteigt. Aber dann kommt die "Tischtennisplatte" und es geht abwärts. Die Höchstgeschwindigkeit des Zuges ist 120 km/h. Doch man muss schon 120-135 anlegen, um die 10 Minuten bis Flughafen Berlin Schönefeld aufzuholen. Gut möglich, aber dieser Nebel, mein Gott, ich sehe die Hand vor Augen nicht, fahre im Stehen und presse das Gesicht an die Frontscheibe. Vorsignal erkannt: "Grün" - alles in Ordnung. Wir fahren nun mal nicht auf Sicht, sondern auf Signal und Gleise bleiben auch bei Nebel unverändert. Aber wehe, man verpasst ein Vorsignal. Dann tastet man sich durch diesen milchigen Brei und hat ständig die Vision vom roten Hauptsignal vor Augen über das man rutscht, weil man bei so einem Wetter immer zu schnell ist. Eine Wahnsinnstour, mein Gewissen mahnt mich: Fahr vorsichtig bei diesem Nebel. Mein Ehrgeiz dagegen fordert: Los, 10 Minuten rausfahren, wenn du das in Berlin bei der ersten Fahrt und noch mit fünf FM bei diesem Wetter geschafft hast, bist du der Größte...

Wie unter Zwang gehorche ich der Stimme der Unvernunft, donnere durch den Nebel, ohne die Bahnhofsgebäude von Waldrehna, Uckro oder Drahnsdorf auch nur schemenhaft zu erkennen. Immer noch stiere ich, mit der schon platt gedrückten Nase an der Scheibe, nach den Signalen. "Wenn das bis Berlin so weitergeht, musst du dort zum Sanitäter am Bahnsteig, dich krank melden oder sonst was. Das hältst du auf der Rückfahrt mit dem D573 nicht noch einmal aus, du bist völlig fertig!" Kaum zu Ende gedacht, hebt sich kurz vor Zossen wie von Geisterhand der Nebel, einem Theatervorhang gleichend und die Herbstsonne strahlt mir ins Gesicht. Eine kleine Träne der Erleichterung zerdrückend, lasse ich mich entspannt nach hinten in den Sitz fallen. Locker geht es jetzt hinein bis Berlin-Ostbahnhof und ich binde den Sack zu, komme pünktlich an.

Auf der Rückfahrt steigt doch in Riesa so ein Oberbeamter zu mir auf die Lok, zeigt seinen Ausweis (Mitfahrberechtigung) und fängt an zu nerven. Zum Glück war es einer vom Fahrplan, wollte nur wissen, ob die Zugmeldestellen nicht zu weit auseinander wären und man beispielsweise mit den vorgegeben Fahrzeiten ohne Schwierigkeiten zurechtkommen würde. Ich antworte lapidar und bin froh, dass er nicht ein Kontrolleur von der Abteilung "Maschinenwirtschaft" ist. So einer hätte Fragen stellen können, bei denen ich an diesem Tag vielleicht ins Schleudern gekommen wäre.

Chaos im Mitropawaggon

Ich lasse mir doch nicht mein Schälchen "Heeßen" vermiesen

Neue Geschichte, alter Schauplatz. Seerhausen. Laut Plan soll ich den Nachtberliner bis Schöneweide fahren, die Lok im Bw abstellen, dort übernachten und am Morgen den D 571 zurückbringen.

Aber bis dahin dauert es noch. In Karl-Marx-Stadt-Hbf will ich die 132 von einem Personenzug, der von Narsdorf kommt, übernehmen. Da ich mit meinem Trabi aus der Gegenrichtung zum Dienst komme, wäre es vertane Zeit mich in Hilbersdorf am Lokleitungsfenster vorzustellen und dann als Fahrgast nach dem Hbf. zu fahren. Ich melde mich also telefonisch zu Dienstbeginn vom Hbf. aus und habe noch genügend Zeit rumzubummeln und den von Narsdorf kommenden Kollegen pünktlich abzulösen. Nicht so heute. Der Lokleiter teilt mir mit, dass an dem P 5792 eine Lok der BR 118 hängt, für die ich keine Lizenz besitze und die außerdem nicht mehr nach Berlin laufen darf. Eben bisschen schwach diese Hundelunge mit den Strömungsgetrieben und nur 2400 PS trotz zweier Motoren. Der LL geht natürlich davon aus, dass ich meinen Dienst ordnungsgemäß in Hilbersdorf angetreten habe und sagt: "Du nimmst die 132 072 aus dem Haus." Beeilen soll ich mich auch, damit wir pünktlich abfahren können. Jetzt stehe ich zwar 16.15 Uhr auf dem Hbf, aber die Lok in Hilbersdorf im Haus. Und 17.56 Uhr ist Abfahrt nach Berlin, aber ab Hauptbahnhof. Trotz Uniform und Tasche, absolviere ich mit schwerem Gepäck sozusagen einen rekordverdächtigen Hindernislauf. Meine "Pappe", vor dem Bahnhof abgestellt, ist noch warm und springt sofort an. Ich rase gen Hilbersdorf. Sieben Minuten später bin ich in der Lokleitung. Hier hängen die Lokschlüssel und da steht die 072. Vor dem Schlüsselbrett haben der Hilbersdorfer Kalfaktor und Schlüsselausgeber Weder und der Bereichsleiter Steinmann gerade einen heftigen Disput. Nun wäre es beiden sofort aufgefallen, dass ich ca. 18 Minuten zu spät zum Dienst komme, würde ich die Lokschlüssel verlangen. Ich übe mich also in Geduld und warte auf meine Chance. Nach etwa 3-5 Minuten verlassen die beiden laut diskutierend den Raum. Ich springe durch das Fenster, reiße die Schlüssel der 072 vom Haken und renne zur Lok. Und tatsächlich - genau 17.52 Uhr kuppelt der Rangierer auf dem Hbf die Lok an meinen Nachtberliner. Bremsprobe, Bremszettel, ohne Heizung, es ist Sommer, geht es mit drei Minuten Verspätung ab. Die hole ich bis Mittweida wieder heraus, also alles im Lot. In Döbeln planmäßige Ankunft und hier haben wir 14 Minuten Aufenthalt, weil die Strecke immer noch eingleisig bis Riesa ist und wir mit dem letzten Berliner kreuzen müssen.

Ich verschließe die Lok ordnungsgemäß, lasse aber unordentlich den Motor laufen, um mir das lange Warten auf das Starten des Dieselmotors bei der Abfahrt zu ersparen. Jetzt wird erst mal in der Mitropa des Zuges ein Käffchen getrunken. Machen fast alle Lokführer bei diesem Päuschen. Als ich Heidemüller, einen arroganten Mitropakellner, um einen Kaffee bitte, fragt dieser mich doch tatsächlich, ob ich zum Personal gehöre. Ich trage meine Arbeitsklamotten und wir begegnen uns nicht zum ersten Mal. Personalkaffee kostet nur 50 Pf, Reisende müssen 94 Pf für die Tasse Heeßen zahlen. "Bin der Lokführer" lasse ich ihn trotzdem wissen, worauf er die Tasse herüberreicht und "macht 94 Pf ", sagt. Ich zücke eine Ostmark, sage "stimmt". Vor

Die 132 072 ab Riesa mit D 576 nach Berlin am 29.04.1984.
Da hat aber jemand zu hastig "Gas" gegeben und der Abgasturbolder ist nicht so schnell mitgekommen.
Foto: Siegfried Künzel

Publikum lasse ich mich von dem nicht provozieren. Denke aber "du scheinheiliges Schwein, das bereust du!" und habe auch schon einen Plan: Bei Seerhausen wird ja gerade die Strecke zweigleisig ausgebaut und vor der Einfahrt ist ein ganz kurzer Gleiswechsel. Es geht also vom rechten auf das linke Gleis und damit in eine Langsamfahrstelle, die mit 40 km/h ausgeschildert ist. Für die kurze Anbindung links/rechts ist das eigentlich schon zu schnell. Aber hier angekommen, wische ich dem Heidemüller eins aus. Ich knalle mit deutlich überhöhter Geschwindigkeit durch den Abschnitt. Mir wird selbst Angst und Bange und ich bereue im selben Moment meine Hitzköpfigkeit. Aber wir kommen glatt durch Seerhausen. In Riesa eine Minute Aufenthalt und weiter geht es. Am Abzweig Zeithain sind für Züge in Richtung Elsterwerda 60 km/h vorgesehen. Und weil ich nun doch so gut durch die Seerhausener Anbindung gekommen bin, probiere ich das Gleiche mit Schmackes noch einmal. Die Tachonadel steht erneut deutlich höher als erlaubt und die 072 neigt sich auch ein bissel mehr als sonst nach rechts, aber alles geht gut. Meine Vorsätze habe ich schon wieder in den Wind geschlagen. In Berlin Schöneweide angekommen, eilt die blonde Zugführerin zu mir an die Lok und warnt mich: Heidemüller habe mit einer Anzeige gegen mich gedroht: Vor Seerhausen wären bereits Kekspackungen, Schnapsflaschen und Pralinen, eben das, was nicht fest verankert ist, durcheinander geflogen. Als Heidemüller seine Artikel sorgfältig wieder aufgestellt hatte, kam der Abzweig Zeithain und

der Kellner flog höchstselbst mitsamt seinen errichteten Pyramiden in die Ecke. Der Zugführerin war noch jetzt beim Erzählen die diebische Freude anzumerken. Sympathisch ist der arrogante Sack sowieso niemand. Lieber wäre mir Heidemüller an der Lok gewesen. Dem hätte ich gern ein paar Takte zu seinem kollegialen Verhalten erzählt, aber ich hatte mich ja auf meine Weise bereits bedankt. Und mit seiner Anzeige kann er mir auch nicht ans Knie pinkeln: Fahrtenschreiberrollen reißen nämlich hin und wieder. Man muss sie dann herausziehen und neu einfädeln. Dabei geht immer ein Stück Aufzeichnung verloren - leider . . . Dank der Warnung der Zugbegleiterin, lasse ich die Rolle just an der Stelle reißen, wo der Abschnitt von der Einfahrt Seerhausen bis zum Abzweig Zeithain aufgezeichnet ist, dann lege ich sie wieder ein.
Im Nachhinein betrachtet, bin ich wohl nicht gerade souverän mit der Situation umgegangen. Ziemlich kleinkariert und verantwortungslos - na ja, Asche aufs Haupt. Heidemüller hat sich auch nicht die Mühe einer Anzeige gemacht. Die Arbeit mit der Fahrtenschreiberrolle war also umsonst.

Mit dem falschen Fahrzeug auf die Schiene

Wie eine Abkürzung zur Sackgasse wird

Eines schönen Tages, in den frühen Achtzigern, am Nachmittag, kommt Lokführer Bernhardt mit einem langen bunten Güterzug über den Brechpunkt hinter Riesa gefahren. In der Ferne sehe ich bereits die Durchfahrt für den Bahnhof Seerhausen und damit rückt mein Feierabend in greifbare Nähe.
Doch irgendetwas stört die Aussicht auf meine freie Fahrt und zwar direkt an den Gleisen. "Arbeitet da jemand mit einem Bagger oder einem Kleinkran?" Ich kann es noch immer nicht genau erkennen und gebe vorsichtshalber mehrmals Warnsignal. Die Kraft habe ich abgeschaltet und der Zug läuft nun in die Senke nach Seerhausen. Doch das Hindernis rührt sich nicht. Jetzt werde ich doch stutzig und leite eine Vollbremsung ein. Langsam nimmt die vermeintliche Baumaschine Gestalt an. Ein Russen-LKW. Jetzt, noch ca. 300 m von der Katastrophe entfernt, bemerke ich zwei Männer, die mir, verzweifelt mit den Armen in der Luft rudernd, entgegen rennen. Dass das Signalbuch eine kreisende Handbewegung zum Anhalten eines Zuges oder einer Rangierabteilung vorschreibt, können sie nicht wissen. Aber ich verstehe auch so, nur leider zu spät: Sekunden später knallt die rechte Seite meiner 132er voll in die Schnauze des LKW. Ich habe mich kurz nach Einleiten der Vollbremsung aus dem Führerstand verabschiedet. Wer da zu neugierig ist, dem kann sonst was um die Ohren fliegen. Es gibt also einen ordentlichen Hieb und nach etwa 100 m kommt der Zug zum Stehen. Aus meiner geschützten Position im Zwischenraum habe ich beobachtet, dass bei dem LKW der Motor davongeflogen ist. Von der 132 hat es die Ölfüllleitung hinter dem Einfüllstutzen weggerissen. Das Absperrventil auch und der laufende Motor pumpt das Öl in einer etwa zehn Zentimeter dicken Fontäne zwanzig Meter weit auf das angrenzende Maisfeld. "Feierabend" denke ich, nur nicht wie laut Plan 17.15 Uhr. Ich stelle den Motor ab und begebe mich nach hinten. Dabei komme ich am Einfahrsignal, das mit dem dazugehörigen Vorsignal für die Ausfahrt noch auf Durchfahrt steht, vorbei und melde dem Fahrdienstleiter mittels Fernsprecher das Vorgefallene.

Auch bestelle ich eine Ersatzlok. Nachdem ich noch ein paar Wagenlängen nach hinten gegangen bin, muss ich mir mal wieder russisches Palaver anhören, diesmal jedoch von einem wild gestikulierenden Offizier meines Alters. Er wirft mir die paar Meter vor, die ich zu weit gefahren war, ich hingegen versuche ihm klar zu machen, dass ein Güterzug kein Auto ist und einen beträchtlich längeren Bremsweg hat. Ob er mich begreift. Zumindest ist in seinem Gesicht nicht ein Funken von Verstandnis zu bemerken. Der Fahrschüler, noch keine 20, steht dem Heulen nah, daneben. Langsam wird mir klar, wie es überhaupt zu dem Unfall kommen konnte. Die Russen benutzen bei ihren Fahrten von A nach B einen Wegübergang, den die DR vor einiger Zeit geschlossen hat. Die Kosten für einen Schrankenwärter sind zu hoch, da der Übergang vielleicht nur zehnmal am Tag von Passanten oder Fahrzeugen benutzt wird. Bei der Schließung hat man die Schrankenbäume abgebaut und links und rechts des Gleises tiefe Gräben gezogen. Ohne den Übergang hätten die Russen einen riesigen Umweg hinnehmen müssen. Da preschten sie lieber mit ihren LKWs durch die Gräben. Der Junge, noch neu am Steuer, war das Hindernis offensichtlich viel zu zaghaft angegangen und blieb mit der Vorderachse stecken. Der Karren ließ sich weder vor- noch rückwärts aus dem Dreck ziehen, mit dem Erfolg, dass die Schnauze des Lasters ins Gleis ragte und sich zu allem Unglück mein Zug näherte.

Ich habe mir nichts vorzuwerfen, gehe zu meiner entschärften 132, ärgere mich tüchtig über den versauten Feierabend und erwarte sehnsüchtig die Ersatzlok. Die kommt schon bald als BR 120 von Döbeln. Als ich das Eisenschwein sehe, wird mir klar, dass sich hier die nächste Feierabendverzögerung anbahnt...

Ich nehme den Bremszettel vom Haken und kupple die Ersatzlok an. Danach überreiche ich dem Döbelner Lokführer das technische Dokument. Wie erwartet, sagt der nach dem ersten Blick darauf: "Das geht nicht". Da haben wir es. Ich mit 1298 t, also für die 132 schon Höchstlast (1300 t) und er darf mit seiner 2000 PS Lok nur 1200 t nehmen. Hinzu kommen die 120 t der 132, macht nach Adam Ries 1418 t für den Döbelner. "Aber in den Bf Seerhausen hinein geht's jetzt erst mal los", begehre ich auf "und dann werden wir weitersehen". Dort angekommen, fülle ich begeistert die Unfallmeldung aus: Tag, Uhrzeit, Wetter, Beteiligte, Name, Dienstalter, wie lange im Dienst, vorausgegangene Ruhezeit, zweiter Vorname der Großmutter, wie kam es zu diesem Vorkommnis usw., usw. Um es vorweg zu nehmen, bei Zwischenfällen, die mit unseren "sowjetischen Freunden" zusammenhingen und man selbst "sauber" war, hörte man nie wieder etwas, keine Vorstellung beim Alten, keine Nachfragen, nix. Da in Seerhausen keine Möglichkeit mehr besteht meinen Zug zu leichtern, also Wagen abzusetzen, muss ich den Döbelner Kollegen beschwatzen, die deutliche Überlast von 218 t wenigstens bis Döbeln zu fahren. Dort könnten wir sechs Wagen absetzen, um mit regulären 1168 t die Weiterfahrt bis Hilbersdorf anzugehen.

Feierabend wäre 17.15 Uhr gewesen, angekommen sind wir gegen 20.00 Uhr. Gegen 21.00 Uhr dann endlich zu Hause, werde ich von meiner Gemahlin angemessen begrüßt: "Hast wohl erst noch bei deiner Mutter geschwatzt oder konntest dich mal wieder nicht von deinen Kollegen trennen?!" Ich antworte leicht gereizt "Du hättest 'nen Friseur heiraten sollen Liebes, der kann seinen Laden pünktlich 18.00 Uhr schließen!"

Wie man in den (Schranken)wald hineinruft . . .

Oder: Wer anderen keine Grube gräbt, kommt selbst mit dem Schrecken davon

Ich sitze mal wieder auf einer 132, dem Russentrog mit 3000 PS, und dem satten Sound. Ganz gleich ob beim Zu- oder Abschalten, immer ein Ohrenschmaus.

Der Sommer zeigt sich gerade von seiner wärmsten Seite - pralle 30 Grad. Durch das geöffnete Fenster dringt die Geräuschsumme der drei arbeitenden Kühlerlüfter, die sich nacheinander bei 72, 76 + 80°C Kühlwassertemperatur zugeschaltet haben und nun rotieren. "Ludmilla" - das war Liebe auf den ersten Blick. Und dieser Liebe halte ich bis zu meinem Ausscheiden aus dem Dienst die Treue - 20 Jahre. Wenn man vom Führerstand in den Ruhestand wechselt, bleibt nur die Schwärmerei . . .

Doch noch sitze ich ja oben und bin Anfang der 1980er auf dem Weg nach Schwarzbach. Mit einem Lgo von Oschatz kommend, soll es nach Hoyerswerda nahe der polnischen Grenze gehen. Auch diesmal sind wir mit der Fuhre spät dran, dennoch läuft es hurtig durch Ruhland und danach taucht schon Schwarzbach auf. Da der Bahnhof kein Ausfahrvorsignal hat und ich hier außerplanmäßig auf das Überholungsgleis soll, muss ich an der Einfahrt "gestellt" werden. Die Einfahrt zeigt auch HALT und kurz bevor ich zum Stehen komme, geht der Löffel hoch: Einfahrt frei, zwei Flügel - 40 km/h.

Ich löse die Bremsen aus, komme also nicht erst zum Halten und ziehe wieder etwas an. Ich traue meinen Augen nicht: Die Schrankenbäume, direkt neben der Fahrdienstleiterbude, stehen kerzengerade in die Höhe. Ich ziehe durch, Vollbremsung, Lastabwurf - also Leistungsunterbrechung, weil der Druck von der durchgehenden Hauptluftleitung auf unter 3,5 bar verringert wird. Mir ist klar, dass ich weder auf, und schon gar nicht über die Straße rutschen würde, dennoch gebe ich sicherheitshalber mit dem Typhon mehrmals Achtungssignal. Dann stehe ich und erst jetzt senken sich die rot-weißen Latten. Erneut ziehe ich an und drohe der hübschen Fahrdienstleiterin natürlich nicht mit dem Mittelfinger, der hat erst nach der Fußball-WM 1994 durch Effenberg diese Bedeutung bekommen, sondern mit dem erhobenem Zeigefinger. Sie macht verlegen schmunzelnd eine Geste des "Asche aufs Haupt Streuens". Selbstverständlich hätte sie die Schranke schließen müssen, bevor sie die Einfahrt für mich zog. Ich bringe meinen Zug also im Überholungsgleis an der Ausfahrt Schwarzbach zum Stehen. Im gegenüberliegenden Stellwerk nutze ich das Telefon, um mit ihr den "Regelverstoß" auszuwerten. Ich entscheide mich für die gelbe Karte in Form einer Flasche Wein, die sie bei meinem Besuch am St. Nimmerleinstag auszugeben hätte. Bei Verstößen ohne wirkliche Konsequenzen, ist das meine übliche Verfahrensweise. Würde ich etwas vom Betriebsklima, das in Schwarzbach herrscht, ahnen, würden mir die Worte nicht so flapsig von den Lippen kommen. Ich steche mit meiner Kulanz in ein richtiges Wespennest. Die Stellwerkswärterin, ein Frau um die 60, keift noch, bevor ich den Hörer auflegen kann: "Das ist das zweite Mal in einem Jahr, das der so was passiert. Beim ersten Mal wurde das Auto des Dorfdoktors gerammt, er kam dabei ums Leben. Die hat wohl Rückendeckung von oben? Na ja, die ist ja auch in der Partei. Ich überlege mir, ob ich die Sache anzeige, wenn Sie schon zu der da auf Schmusekurs gehen." Psychologische

Arbeit steht mir jetzt bevor.
Wenn die Stellwerkswärterin das Ding wirklich anzeigt, hänge nämlich ich mit drin. Es ist meine Pflicht bei Verstößen eine Meldekarte abzugeben. Auch ist es Vorschrift, sich selbst anzuzeigen, wenn bei eigenen Verstößen keine Zeugen zugegen sind. Lachhaft.
Ich taste mich vorsichtig vor. "Das habe ich nicht wissen können, dennoch sollte man vielleicht von einer Anzeige absehen. Jedem von uns passieren größere und kleinere Fehler und diesmal ist es ja glimpflich abgelaufen." Ich spüre, wie ich Boden unter den Füßen gewinne. Sie ist eine einfache Frau schlichten Gemüts. Bald habe ich das Gefühl, allein, weil ich ihrer Aussage Beachtung schenke, auf ihre Drohung mit erklärenden Worten reagiere, kann ich sie versöhnen. Nachdenklich gehe ich zurück zur Ludmilla. Die 16 Zylinder hinter mir arbeiten schön ruhig im Leerlauf. Ich fühle mich erleichtert und lasse das eben Erlebte vor meinem geistigen Auge vorüberziehen. Aber noch ist nicht aller Tage Abend.
Der Gegenzug war durch. Kreuzung nennt man so etwas. Die Weichen drehen sich, ich werde also von der Stellwerkswärterin "eingeweicht", Ausfahrt frei. Mit einem versöhnlichen Gruß durchs Führerstandfenster verlasse ich den Bahnhof gen Hoyerswerda. Leerwagenzüge hatten damals schon 80 km/h Spitze und ich lasse die Hummel sausen. Trotz Verspätung will ich mir mein Schälchen Heeßen in der für eine Million Ostmark restaurierten Kantine in Hoyerswerda nicht entgehen lassen. Den Zug "am Schweinerücken" abgekuppelt und "hellblau" ins Bw gedonnert. Dabei, last but not least, ein Wartezeichen für Rangierabteilungen übersehen und drübergerutscht. Schnell zurückgesetzt, keiner hat was gemerkt. Denkste! Der Stellwerkswärter drückt die beiden Lichter am Wartezeichen, ich nehme an, dass alles in Ordnung sei - noch mal denkste - fahre los und der winkt mich mit seiner Lampe ab. Ich halte und höre ihn über den ganzen Bahnhof etwas von "Anzeige" brüllen. Dieses Wort habe ich nie wieder so oft wie an diesem Tag gehört. Nun muss ich, um Schaden von mir abzuwenden, handeln. Ich verlasse die Lok in Richtung Stellwerk, aus dem der Mann tobt. Acht oder zehn Gleise habe ich dabei zu überschreiten. Dort angekommen, lasse ich eine Schimpfkanonade über mich ergehen: "Wegen so einem Lokführerschwein, wie du eins bist, sitze ich jetzt hier auf diesem gottverdammten Rangierstellwerk. Früher war ich draußen an der Einfahrt am Schweinerücken. Da hatte ich ´nen Lenz. Aber dann habe ich einmal vergessen, die Schranke zu schließen und da hat mich so ein Scheißlokführer angezeigt. Dafür büßt du mir jetzt." Der Junge ist in Rage. Seine Argumentation und die Umstände passen in mein Verteidigungskonzept. "Also hör mal mein Lieber", beginne ich beschwichtigend, wohlwissend, dass ich kleine Brötchen backen muss. "Vor einer Stunde hat die Fahrdienstleiterin von Schwarzbach die Schranke bei Einfahrt offen gelassen und da haben wir uns auf eine Flasche Wein geeinigt. Damit will ich dir nur sagen, dass nicht alle Lokführer auch "Lokführerschweine", wie du dich auszudrücken pflegst, sind. Los, ruf an! Deine Kollegin wird es dir bestätigen." Und der tut das doch wirklich. Ich warte vor dem Stellwerk und hoffe, dass die Stellwerkswärterin von Schwarzbach sich endgültig beruhigt hat und dort nicht etwa noch der "Schrankenbaum" brennt, die beiden etwa alles abstreiten.
Mit einem "geht klar" und "mach´s gut" beugt er sich aus dem Fenster. Jedenfalls sehe ich mich in meiner Auffassung, Fehler sind dazu da, um von allen gemacht zu werden, wieder einmal bestätigt.

Der Kaffee schmeckt nun noch besser. Die Heimfahrt verläuft problemlos. Gegen 1.00 Uhr falle ich zur Elvira ins Bett - um zu schlafen . . .

Peinlich

Kleine Sünden werden sofort bestraft

Immer noch in den frühen Achtzigern befördere ich gerade einen leeren Kesselzug von Seerhausen nach Hoyerswerda. Im Gepäck weit mehr als 100 Achsen und über 100 Bremshundertstel, die sich aus Bremsgewicht x 100: Zuggewicht, (das hier bei über 700 t lag), errechnen. Der Zug lässt sich wie ein schwerer Schnellzug fahren und bremsen. Alles, was mit Druckluft zusammenhängt - wunderbar dicht. Mit Tempo 80/1 bin ich recht flott unterwegs (Strich /1 bedeutet, die mir selbst auferlegte Toleranz nach oben - das ist so etwas wie die "nach oben offene Richterskala." Je nach Zustand der Strecke und der Sichtverhältnisse passe ich meine Fahrweise entsprechend an). Noch unterliege ich als Lokführer einer gewissen Selbstkontrolle. Die lästige Indusi PZ 80, deren Warngepiepe schon bei 105 km/h einsetzt, wenn man beispielsweise das Zehner-Programm (also Hg 100 km/h) wählt, gibt es noch nicht. Aber die Fahrtenschreiberrollen sind im Hasslerschreiber eingelegt und die können einen unter Umständen schon ans Messer liefern.

Nun, in Hoyerswerda auf dem Schweinerücken mit meinem Kesselzug angekommen, muss ich die Lok abkuppeln. Ich steige ab, schließe die Lufthähne zwischen Lok und erstem Wagen und hebe die Kuppelkette aus dem Zughaken. Wieder im Führerstand, lasse ich die Lok etwa 20 m vor das Signal rollen und warte auf das Umsetzen an meinen Gegenzug nach Hilbersdorf. Kantinengang ist bei dem Dienst nicht drin. Schon kurz nach dem Anhalten passiert dieser die Weichen. Ich muss zwar mit dem Umsetzen noch etwas warten, aber - immerhin, er ist pünktlich.

Während ich so meinen Gedanken nachhänge, gibt es hinten an der Lok einen derben Hieb. Ich erschrecke und mir wird sofort klar, dass ich zwar abgehängt, jedoch den Lufthahn am ersten Wagen nicht geöffnet, sondern nur beide, den von der Lok und den vom Wagen, geschlossen habe. Der Zug hätte mit offenem Lufthahn, also mit Vollbremsung abgestellt werden müssen. Offenbar hält Göttin Fortuna ihre schützende Hand über mich, denn sonst würde der Zug in den Personenbahnhof Hoyerswerda hinein rollen, wenn ich mit der Lok nicht mehr am Signal stünde.

Ich springe von der Lok, will schnell Versäumtes nachholen: Ich greife unter den Puffern durch und reiße den Lufthahn vom Wagen auf. Da die durchgehende HLL noch mit 5 bar Druck gefüllt ist, bekommt der Luftschlauch beim ruckartigen Aufreißen des Hahnes einen Drall und knallt mir mit der eisernen Schlauchkupplung seitlich gegen das Kinn.

Mit einer langen Risswunde im Gesicht steige ich wieder nach oben und kann in diesem Moment vorrücken. Schnell umsetzen, ankuppeln - Bremsprobe. Dann - Ausfahrt frei - und immer das Taschentuch auf der Wunde.

Lauta habe ich hinter mir gelassen. Vorsichtig lüfte ich das blutgetränkte Tuch und kann das Ausmaß der Verletzung in den Glasscheiben, die die Manometer abdecken, sehen. Die Suppe läuft immer noch und mir wird zu allem Überfluss kotzübel. "Durchhalten musst du jetzt!

Irgendwo geht jeder Güterzug mal aufs Überholungsgleis."
Endlich in Lauchhammer-West! Ich hole den Sanitätskasten, der sich bei solchen Anlässen natürlich immer auf dem anderen Führerstand befindet, und reiße ihn auf. Ein großes Pflaster bedeckt jetzt mein Kinn und vielleicht sollte ich es ja gleich noch übers Maul kleben, denn wer nach 20 Jahren "auf der Lok" solche Fehler macht, der sollte sie nicht noch kundtun!

Wenn alles zusammenkommt und dann noch etwas dazu

Ein Dienst auf dem Störfaktor "Kremlwanze"

Frühjahr 1980: Es ist später Vormittag und ich sitze auf dem Bock, der heute 132 268 heißt, habe den zweiten Berliner am Haken und mache im Moment noch locker Fahrt durch Brenitz-Sonnewalde. Der Bahnhof liegt längst hinter mir, da passiert es beim Abschalten der Kraft kurz vor Waldrehna. Der Dieselmotor, statt in Fst 0 seine Leerlaufdrehzahl aufzunehmen, stellt ab. Sämtliche Lampen die bei Stillstand des Motors zu leuchten haben, glotzen mich nun vom Führerpult aus an. "Na prima, du Mistvieh, willst heute also mit mir Rollballett spielen?" Sie will. Dieses Exemplar einer Kremlwanze ist in unseren Kreisen längst für ihre hohe Störanfälligkeit bekannt. Heute soll es mich erwischen. Von Waldrehna nach Uckro geht es bergab und da ich gut zwei Minuten vor Plan bin, kann ich erst mal meine Gedanken zusammennehmen. Ich starte also den Dieselmotor und der tut mir - wie es sich gehört - nach 30 sec. Vorölzeit - den Gefallen und nimmt Zündung auf. Etwas früher als sonst schalte ich schon bei der Durchfahrt in Uckro hoch. Das geht auch prima bis zur Fst 7. Als ich allerdings in die Fst 8 schalte, stellt der Motor wieder ab. Tja, jetzt ist guter Rat teuer. Ich starte den Diesel erneut und schleppe mich mit 7 Fst. über die Dörfer. Damit kann man zwar zur Not mit der leeren Lok über die Runden kommen, nicht aber mit einem Schnellzug von ca. 400 t Last, dessen Fahrzeiten auf Geschwindigkeiten zwischen 110 und 120 km/h aufgebaut sind. Die Entscheidung fällt die 268 gleich selbst: Kurz vor Baruth geht der Dieselmotor erneut in die Knie und lässt sich nicht wieder starten. Nach meinen Recherchen kommt der Zweihunderter Magnet im Motorregler nicht an Spannung. Bereits 5´ zugesetzt, werfe ich im Bahnhof das Handtuch, nicht ohne einen ordentlichen Fluch auf die Mistkarre abzulassen. "Ersatzlok", rufe ich dem auf dem Bahnsteig verdutzt guckenden Rotmützigen zu. Wir, also die Reisenden und das Personal, haben ausgesprochenes Glück, denn hinter uns liegt eine leer fahrende Lok, die vom Bw Dresden nach Angermünde wegen des anstehenden Fahrplanwechsels umgesetzt wird. Alsbald ist diese 120 (sowjetische 2000 PS Güterzuglok, keine Zugheizung, 100 km/h Hg.) auch auf dem Nebengleis eingefahren und setzt nun um. Mit dem Bremszettel in der Tasche steige ich ab, kuppele die Vorspannlok an und übergebe dem Lokführer den Zettel. "Der Zug endet im Ostbahnhof?" fragt mich der Kollege, der auf Grund des Dialektes kein Dresdner sein kann. "Ja", antworten der Zugführer, der sich zu uns gesellt, und ich wie aus einem Munde. "Ich habe aber nur Streckenkenntnis bis Schönefeld und dann über die Wuhlheide und Lichtenberg in Richtung Angermünde", sagt der Kollege. "Ach du Scheiße", kommt es vom Zugführer. "Na ja", melde ich mich zu Wort, "in Schönefeld komm ich vor und fahre bei dir als Lotse." Ich ziehe mich zurück, Zugführer und Vorspannlokführer erledigen die vereinfachte Bremsprobe und ich

sehe den Zugführer zum Fdl gehen, um den Zug fertig zu melden. Jetzt kümmere ich mich erst einmal um meinen Bock. Hole den Störsuchplan heraus, gucke dort und drücke da und bin im Maschinenraum, als es ruckt und wir abfahren. Die Sicherheitsfahrschaltung hatte ich natürlich vorher entschärft. Es zieht mich wieder in den Führerstand. Ich versuche noch mal zu starten. Oh Freude, der Dieselmotor springt an. Es ist ja immer besser, wenn auch bei einer Schadlok wie dieser, der Motor läuft. Die Luftversorgung ist gesichert und ich kann hoffen, dass bis zur 7. Fahrstufe die Kraftübertragung klappt, wie zuvor. Von Berlin aus muss ich ja die Lok wieder mitnehmen und könnte somit den Zug mit eigener Kraft umfahren. Ich probiere gleich mal, alles prima. Die Fahrstufe 8 hat zwar jetzt magische Anziehungskraft, die Folgen jedoch fürchtend, unterlasse ich es in die oder eine höhere zu schalten. Während ich in Gedanken versunken im Führerstand lümmele, bemerke ich, dass wir im Bf Neuhof durch krumme Weichen fahren.
Ich sehe zum Seitenfenster hinaus und ja, Überholungsgleis und Ausfahrt gesperrt. Als wir zum Halten kommen, springe ich von der Lok, eile zum nahe gelegenen Stellwerk und erkundige mich barsch nach dem Grund des erneuten Haltes. Als ich den vom Fdl gehört habe entfährt mir jetzt ein: "Ach, du Scheiße."
Der Fdl des Bf Baruth hatte die Ausfahrt gezogen und der Angermünder war abgefahren, wie er es mit seinen Güterzügen jahrelang gewohnt war: Ausfahrt frei und Abfahrauftrag sind eins. Das hier ist aber ein Reisezug, der am Bahnsteig hält und da gehört zur Freistellung des Signals der Abfahrauftrag vom Aufsichter oder wie in diesem Falle (außerplanmäßiger Halt) vom Zugführer dazu.
Dieses Delikt steht in der Reihe der schweren Verstöße eines Lokführers gegen die Fahrdienstvorschrift an zweiter Stelle. Missachtung eines "Halt" zeigenden Signals ist das Schlimmste, was einem Lokführer passieren kann. Aber danach kommt "Fahren ohne gültigen Auftrag". Wenn es nämlich ganz dumm kommt, fällt ein Reisender, der an der offenen Tür steht, beim Anfahren aus dem Zug und bricht sich vielleicht den Arm. Schlimmer noch, er bricht sich den Hals oder wird vom Zug überrollt: Fahrlässige Tötung!
Damit das nicht passiert, gibt am Bahnsteig ein dafür vorgesehener Betriebseisenbahner den Abfahrauftrag und hat somit auch die Verantwortung diesbezüglich. In unserem Falle haben wir nun zu allem Überfluss noch den Zugführer in Baruth stehen lassen, darum halten wir jetzt hier. Der Angermünder war abgefahren, als dieser auf dem Weg vom Aufsichter zum Zug war. Ehrlich gesagt, tut mir der Kollege leid. Selbst sieben lange Jahre (1967-74) auf den reinen Güterzugloks, diesen Eisenschweinen gedient und tagtäglich Güterzüge befördert, da hat man Verständnis, wenn einem Anderen so etwas passiert. Aber die Umstände sind wieder günstig. Hinter uns liegt ein Personenzug mit dem der Zugführer nach kurzer Zeit hier in Neuhof ankommt. Ich gehe also zur Vorspanne und informiere meinen Kollegen vorsichtig über sein Ding. Dem fällt der Kiefer nach unten, als er begreift, was für einen Mist er gebaut hat. Ich sage zu ihm: "Pass auf Junge" (der Mann war vielleicht 5 Jahre jünger als ich), versuche ich ihn zu beruhigen, "Kenntnis von der Sache haben nur der Baruther und der Neuhofer Fdl und der Streckendispatcher von den gefährlichen Leuten. Mich und das Zugpersonal kannste ausklammern. Wenn also von den drei ersten keiner was macht, biste aus der Nummer raus. Pech wäre, wenn im Zug einer mit Kennung die Sache beobachtet hat und dich anzeigen würde. Dein

Glück wird sein, dass wir eh schon unter "ferner liefen" über die Strecke gehen. Die Klebe war ja schon durch mich in Baruth perfekt. Jetzt ist das nur noch der Punkt aufs "i" und nun haben wir frei. Guck zum Zugführer, ob der och Abfahrt gibt", versuche ich ihn aufzumuntern und eile zu meiner Ludmilla. Kaum habe ich den Tritt unter den Füßen, geht es ab. Mit meinen sieben Fahrstufen helfe ich beim Anfahren, um den schweren Schnellzug auf 100 km/h zu bringen. Danach lehne ich mich unzufrieden zurück, knirsche mit den Zähnen: "Mit dieser Scheißkarre in Berlin, nachdem die Vorspannlok vom Zug weggefahren ist, um den Zug fahren, sie zur Heimfahrt fertigmachen und als zusätzlichen Ballast mitschleppen (120 t), die Ersatzlok erwarten, auf diese umsteigen . . . Mann, das wird dauern." Die Abfahrzeit für die Heimfahrt vom Ostbahnhof ist schon langsam heran und wir sind noch nicht mal in Schönefeld. Es kotzt mich alles an. Die 132 268 hatte Nägel mit Köpfen gemacht, das habe ich der nie verziehen. Wir fahren im Bf Schönefeld ein, ich steige von der Lok, begebe mich, wie ausgemacht, nach vorn und will den Kollegen lotsen, oder selbst die Taigatrommel fahren. Eine Lizenz für diese Baureihe habe ich ja. Als ich so an der Wummel entlanggehe, stellt der Kollege den Motor ab. "Ich habe dir gesagt, der Zug endet in Ostbahnhof nicht in Schönefeld", blaffe ich ihn an, während ich hochsteige. "Mensch, der Motor ist ausgegangen. Ich weiß doch auch nicht warum. Ich krieg´ hier noch´n Harry", so der Geplagte. "Also pass auf, noch´ne Ersatzlok können wir nicht bestellen, die denken doch sonst, wir sind alle bescheuert. Mein Bock läuft wieder, aber nur bis Fahrstufe 7. Ich geh jetzt nach hinten, die Hauptluftbehälterleitung hab ich vorhin schon beim

Am 13.05.1989 stand 132 399 mit D 243 Berlin Ostbahnhof - Frankfurt/Oder - Warschau am Bahnsteig 7 des Berliner Ostbahnhofes.
Foto: Ralf Kintat

Kuppeln mit verbunden, du bist also weiterhin fürs Bremsen verantwortlich. Ich guck an der Seite raus, wir schleichen jetzt wie der Gestank bis zum Ostbahnhof, wenn ich mit stark verminderter Leistung auch deine Karre noch mit schieben muss", wettere ich. "Aber wir kommen an". Wir dürfen abfahren und ich schalte schön vorsichtig bis Fahrstufe 7. Es geht, wenn auch mehr schlecht als recht. Noch nicht am "Grünauer Kreuz" in Berlin vorbei, sehe ich plötzlich eine riesige Abgaswolke aus dem Auspuff der 120er Vorspannlok gen Himmel steigen. Der Junge hat also, wie ich vorhin, seinen Trog wieder in Gang gebracht. Plötzlich scheint er zu vergessen, dass er überhaupt keine Streckenkenntnis zum Ostbf. hat. "Hellblau" mit reichlichen 100 Sachen geht es in die Stadt. Ich habe mich bei dieser Gelegenheit wenigstens mal köstlich amüsiert. Als wir den Ostbf. erreichen, schaue ich linksseitig auf den Bahnsteig. Und da steht doch tatsächlich der Kollege Bockisch, der Bereichsleiter vom Betriebsteil Hilbersdorf und will mit dem D 575 nach K.-M.-Stadt fahren. Mit einer satten Verspätung von 90 Minuten kommen wir dann zur Abfahrt. Ich habe 132 415, die Berliner Bockreserve, die auf dem Ostbf. für solche Fälle bereitsteht, bekommen. Der Kollege Bockisch ignoriert meine Einladung, die Fuhre selbst nach Hause zu schaukeln. Aus gutem Grund sitzt er bequem in der ersten Klasse. Kaum haben wir Schönefeld auf der Rückfahrt verlassen, die 120 t meiner 132 268 ja wie gesagt als zusätzliche Last, ist schon zwischen Glasower Damm und Rangsdorf die Kühlwassertemperatur so hoch, dass ich Lastabwurf mit der Bockreserve bekomme. Lastabwurf steht hier für Leistungsunterbrechung. Ich schalte also die drei Kühlerlüfter von Hand und kriege die Kühlwassertemperatur noch runter. Es geht wieder und ich lasse die drei Kühlerlüfter volle Drehzahl bis zum Ziel in Karl-Marx-Stadt laufen. Ich habe die Schnauze heute einfach gestrichen voll. Es gibt Tage im Leben, da wäre man froh, wenn es die nicht gegeben hätte. Zu Hause angekommen, hole ich mir dann noch das obligatorische "Na, haste wieder bei deiner Mutter rumgequatscht?" ab.

Ein endloser Bremsweg

Die dunklen Seiten mit den längsten Schatten

Ich erinnere mich, als wäre es gestern passiert: Ein Augusttag im Jahre 82. Meine Uhr zeigt gerade 12 Uhr mittags. Der Himmel ist bedeckt, die Temperaturen angenehm, zumindest für meine Arbeit auf der 132 182. Ich bin mit dem Dg 50205 unterwegs und kurz vor dem Bahnhof Ruhland auf der Heimfahrt von Senftenberg. Das Vorsignal für die Einfahrt liegt bereits hinter mir, das Einfahrtsignal zeigt gelb und gestattet mir also die Einfahrt ins Hauptgleis, aber Halt an der Ausfahrt erwarten. "Sieht gut aus, da ist nur einer vorweg und wenn der am Bk Bärhaus vorbei ist, geht es bei dir weiter." Die Kraft habe ich bei Erkennen des Signals abgeschaltet, der Zug läuft noch mit knapp 60 km/h. So passiere ich die "Schwarze Elster", die kurz vor der Einfahrt Ruhland die Bahnstrecke unterquert. Plötzlich bemerke ich in 50 m Entfernung eine Person. Sie kommt rechts aus einem Gebüsch und eilt direkt auf mein Gleis zu. Ich springe hoch, mir stockt der Atem, sehe, dass es eine Frau ist: "Ist die verrückt, will die hier noch drüber?" Am rechten Schienenstrang angekommen, bleibt sie nun in etwa 15 bis 20 Meter Entfernung vor der Lok stehen und sieht zu mir herauf. Für Bruchteile von Sekunden sehe ich in das ernste,

attraktive Gesicht einer schwarzhaarigen Frau in meinem Alter. Ich begreife.
Mir meiner Ohnmacht bewusst, knalle ich das Führerbremsventil in die Endstellung, da wirft sie sich schon nach vorn. Fassungslos falle ich zurück auf meinen Fahrschemel. Der tote Winkel des Führerstandes verhindert, dass ich das Geschehen verfolgen kann. Während der Zug seine vier- bis sechshundert Meter Bremsweg abrollt, schießen mir Hoffnungen durch den Kopf: Hat sie die Entfernung nicht richtig eingeschätzt, sich zu früh fallenlassen? Ist sie beim Fallen im schräg aufgeschütteten Schotterbett am Gleis ausgerutscht? Hat sie den Schienenstrang verfehlt? Ist sie vielleicht "nur" mit den ausgestreckten Unterarmen unter die Räder gekommen . . .?
Endlich stehe ich. Was tun? Ich muss mich entscheiden. Entweder ich reiße den Verbandskasten aus dem Schrank und renne die 500 m zurück zur Elsterbrücke, oder ich laufe die 150 m nach vorn zum Wärterstellwerk. Aus Angst vor einem entsetzlichen Anblick renne ich Richtung Stellwerk, wissend, dass man mir später "unterlassene Hilfeleistung" vorwerfen kann, falls die Lebensmüde nicht sofort tot war. Andererseits kann das Stellwerkpersonal die "Dringliche" und damit kompetente Hilfe rufen. Atemlos schreie ich der Stellwerksleiterin, die sich aus dem Fenster lehnt, zu, was passiert ist. Sie begreift meine Wortfetzen, reißt entsetzt die Arme hoch und stürzt zum Telefon. Die Anspannung der letzten Minuten fällt ein wenig von mir ab, ich erschlaffe. Erst jetzt bemerke ich die neben dem Stellwerk abgestellte Lok der BR 120 vom Bw Senftenberg. Der Lokführer, der vermutlich einen Umspanner in Richtung Hoyerswerda oder Senftenberg erwartet, hat alles mit angehört und steigt nun von seiner Lok. Völlig aufgewühlt, gehe ich zu meinem Zug bis ich höre, dass er mir folgt. "Willst´n du?", frage ich den ca.50jährigen Senftenberger. "Ich geh mal nach hinten", antwortet er. Fassungslos sehe ich, wie er sensationslüstern zur Unglücksstelle läuft.
Wenig später kommt der Vizechef des Bf, um die Sache zu protokollieren. Nachdem er wieder weg ist, höre ich durch das geöffnete Seitenfenster jemanden an meiner Lok vorbeigehen. Durchs Stirnfenster beobachte ich den Senftenberger, der wie ferngesteuert seiner Lok entgegenstrebt. Da ich Klarheit haben will, steige ich von meiner Lok, laufe ihm paar Meter hinterher und als ich ihn eingeholt habe, klopfe ich ihm auf die Schulter. Erschreckt fährt er zusammen. "Na, was ist? Musstest ja ohne Not unbedingt dahin gehen?", ranze ich ihn an. "Ach komm, hör auf. Mir ist ganz schlecht. Da war nichts mehr zu machen . . ."
Nach einer halben Stunde bekomme ich die Anweisung, den Zug als unbegleitete Rangierfahrt in ein Überholungsgleis des Bahnhofs bis an das Ausfahrsignal zu ziehen. Die Rettungskräfte haben inzwischen die Unglücksstelle beräumt.
Nachdem ich geraume Zeit gewartet habe, gehe ich zur Aufsicht und treffe dort auch die Transportpolizei. Dem Aufsichter teile ich mit, dass ich den Zug ans Ziel bringen werde. Überrascht fragt mich der Oberwachtmeister der Transportpolizei: "Trauen sie sich nach diesem Erlebnis noch zu, selbst zu fahren?" "Wissen sie", entgegne ich aufgebracht, "das hab ich mir sehr genau überlegt. Nie zuvor im Leben habe ich diese Frau gesehen. Die hätte sich vor jeden Zug, der um diese Zeit aus dieser Richtung kam, gestürzt. Ich habe getan, was ich tun konnte. Außerdem habe ich die bedauernswerte Person nur lebend gesehen." In meiner Erregung merke ich gar nicht, dass danach überhaupt niemand gefragt, mich auch niemand beschuldigt hatte, ich mich also auch nicht rechtfertigen muss. Der Polizist ist offenbar nur um mein Wohl besorgt.

Aber in meinem Unterbewusstsein war bereits verankert, dass meine Lok zum "Grab" eines Menschen geworden war. Zweifellos konnte ich ihre Entscheidung gegen das Leben, für den Freitod, nicht beeinflussen und dennoch fühlte ich mich betroffen. "Natürlich fahre ich." "Na ja, wenn sie psychisch so stabil sind und die volle Verantwortung für die Sicherheit bei der Weiterfahrt mit dem Güterzug übernehmen wollen, dann lassen wir sie eben fahren." Demonstrativ bitte ich den daneben stehenden Aufsichter, seinen Fdl anzurufen und ihm mitzuteilen, dass ich in zehn Minuten abfahrbereit bin. Ich starte den Dieselmotor, fülle noch die durchgehende Luftleitung des Zuges auf, da wird auch schon die Ausfahrt frei. Mit gemischten Gefühlen setze ich den Zug in Gang und bereue meine Entscheidung bereits. Hinter jedem Strauch, jeder Hecke, kommen Personen hervor und laufen zum Gleis. "Reiß dich jetzt zusammen, du Idiot. Hättest als Fahrgast nach Hause fahren sollen." Überall taucht das Gesicht vor mir auf, sehe ich in verzweifelte Augen, die nur noch ein Gedanke zu beherrschen scheint: Hoffentlich geht es schnell . . . Ständig reibe ich mir die Augen, aber die Bilder bleiben. Durch drei Stunden ungeplanten Aufenthalts, komme ich nun auch mit der Dienstdauervorschrift in Konflikt. Morgens 5.10 Uhr bin ich gestartet, der Feierabend für 17.10 Uhr geplant. Zwölf Stunden auf der Lok ist das Maximum. Nach meiner Entscheidung in Ruhland, selbst weiterzufahren, kann ich in Waldheim nicht Schluss machen und sagen: "Ich kann nicht mehr". Aber die Dispatcher spielen mit, lassen mich fahren und ich bin gegen 19 Uhr vom Bock, darf die Karre sogar an der Tankstelle in Hilbersdorf stehen lassen.
Ich bin jetzt 42 Jahre, genau die Hälfte davon Lokführer, und dann doch so unreif bei einer solchen Entscheidung. Die meisten meiner Kollegen haben meine Aktion mit einem verständnislosen Kopfschütteln bedacht: "Mensch Bernhardt, was hast´n dir dabei gedacht?"
Wochen später bittet mich die Kriminalabteilung der Trapo um eine Aussage. Die Suizidgeschichte wird noch einmal protokolliert. Ich bestätige, dass keine verdächtigen Personen am Unglücksort waren und erfahre vom Oberleutnant, dass es der vierte Selbstmordversuch dieser Frau war, die in ihrem Ort als nicht ganz richtig im Kopf galt. Warum musste es ausgerechnet bei mir klappen?
Passiert einem Kollegen heute so etwas, ist sofort Schluss mit der Fahrerei. Der betroffene Lokführer kommt ins Krankenhaus, erhält auf Wunsch eine Injektion gegen den Schock. Dann setzt man ihn über Monate einer psychologischen Betreuung aus. Das heißt, er kommt vom Psychologen über den Neurologen bis zum Psychiater von einer roten Couch auf die nächste. Am Ende kann er froh sein, wenn er nicht ein zweites Mal "Opfer" wird und womöglich beim abschließenden Idiotentest noch die Lizenz verliert.

Gewissenlos

Ein Toter im Gleis ändert keine Fahrpläne

Ein vermeintlich schöner Tag für mich, auch irgendwann in den Achtzigern. Und wieder mit Wetter wie für Dramen geschaffen. Nasskalt, zwischen den Zeiten sozusagen. Fröhlich bin ich heute Morgen, weil ich die Zuglok von einem Leerpendel nach Borna bei Leipzig bediene. Mit Vorspannlok gibt es nicht allzu viel zu tun, zumal meistens die Strecke abwärts führt. Die Sifa

Unweit von Burgstädt entstand am 18.07.1992 diese Aufnahme mit dem Kohlependel aus Profen, gezogen von 2x BR 132. Auch heute noch wird die Rohbraunkohle für die Stadtwerke Chemnitz per Schiene herantransportiert. Foto: Siegfried Künzel

wird erst einmal ausgeschalten. Nicht ganz, aber fast legitim. Danach wird sich in die Beimannecke, die ja seit Mitte der Siebziger planmäßig verwaist ist, gelümmelt. Jedoch nicht ohne vorher Bemmbüchse (Schnittendose), Thermosflasche (Kaffee) und Sportecho (DDR) bereitgelegt zu haben. Der da vorne wird´s schon richten, grenzenloses Vertrauen in den Kollegen, wer auch immer das ist.

Ach so, ja, Heizlüfter, für angenehme Wärme im Führerstand zuständig, lässt sich mit etwas Gefühl von meinem Platz aus mit dem Fuß ein- und ausschalten. Geborgenheit rundum. Leider nur bis Geithain. Da reicht mir nach dem Halt am Ausfahrsignal der Aufsichter den Durchschlag eines Vorsichtsbefehls hoch. Meine beschauliche Idylle wird durch das Lesen jäh zerstört.

Unter Punkt 10 steht handschriftlich: "Am Kilometer 7,4 vor Einfahrt Frohburg Leiche im Gleis. Unfallstelle mit dem gesamten Zug mit 10 km/h befahren!"

Kurz danach wird die Ausfahrt frei. Schon der Gedanke an das Bevorstehende bringt mich fast zum kotzen. Aber dann beruhige ich mich doch. Ich kriege das ja gar nicht mit. Ich bin ja auf der zweiten Lok, Aussicht null, habe so auch keine Verantwortung.

Also stelle ich den Motor ab, gehe in den Maschinenraum, peile Öl, wische da und gucke dort, sehe seitlich zu den Maschinenfenstern hinaus und bemerke, dass es ganz langsam wird. Wir befahren jetzt also keine Brücke, keine Langsamfahrstelle, nein, einen Toten. Makaber.

Frohburg liegt 7 km vor Borna. Es wird wieder schneller und mir ist klar, dass wir unser Ziel in den nächsten Minuten erreichen. Schlagartig wird mir damit aber auch klar: Wenn der Vollzug jetzt bei Ankunft schon in Borna steht, sind wir ruck-zuck wieder auf der Rückfahrt. Da die beiden Loks zusammenbleiben bin ich dann Vorspann ...

So kommt es auch. Der Zug steht da. Umspannen. Vereinfachte Bremsprobe. Zug fertig. Ich vorne, klar. Ich hoffe noch, aber das Ausfahrsignal wird nicht frei. Dafür wird wahr was ich befürchtet habe. Der Stellwerkswärter bewegte sich mit zwei Zetteln in der Hand auf uns zu. Vorsichtsbefehle. Einer für mich, der Durchschlag für meinen Kollegen. Wortlaut - überflüssig. Man hat es offensichtlich nicht fertig gebracht den Toten in einer knappen Stunde aus dem Gleis zu schaffen. Bezeichnend. Ich muss an die zwei Toten an der Möbelrampe denken, Russen, russische Verhältnisse. Er gibt seinem Fahrdienstleiter ein Handzeichen: Du kannst die Ausfahrt frei geben. Sekunden später: Ausfahrt frei, 40 km/h, im anschließenden Weichenbereich, dann Vmax. Vmax bis Frohburg und nach der Durchfahrt kommt die Stelle des Grauens. An der Einfahrt Frohburg schon habe ich die Kraft weggenommen, der Kollege von der jetzigen Zuglok ebenfalls. Der macht es natürlich so wie ich vorher: Augen zu und durch. Aber ich, wo soll ich hinschauen? Mir ist zum zweiten Mal kotzübel an diesem Tag. Es kommt noch schlimmer. Beim Herannahen an die Unfallstelle sehe ich eine Decke im Gleis - 10 km/h Geschwindigkeit. Ich will mich nach hinten lehnen, die Augen schließen und nach vielleicht einer Minute wieder öffnen, da ist bestimmt alles vorbei. Doch plötzlich lässt mich der Anblick nicht los. Die Decke liegt neben dem Toten. Der Mann, Oberkörper entblößt, ist schräg durch die Brust geteilt worden. Die Decke wurde wahrscheinlich durch einen Windstoß zur Seite geworfen. Wie mir zumute war? Niemand hat je danach gefragt.

Langsam nach Stralsund ... - und Latte zurück!

Zwischen Güterzuglokführer und Schnellzuglokführer gibt es keinen Unterschied - eigentlich

Im September 81 schieße ich den absoluten Vogel ab. Das ist meiner Leidenschaft zur Fahrerei auf der 132 und den langen, schnellen Strecken geschuldet. Seit vierzehn Tagen in Vertretung als Personallokleiter beschäftigt, trage ich mich für Freitag, den 11. für die "Stralsunder Leistung" ins Tagebuch ein. An diesem Tag arbeite ich von 6.30 - 15.00 Uhr im Büro als "Schweinsgeige", also derjenige, der den Schweinen (Lokführer) zum Tanz aufgeigt. Abends bin ich dann selbst das "Schwein" auf einer 132 und fahre nach Stralsund. Dienstbeginn: 19.30 Uhr, Dienstende: 19.00 Uhr am Samstag, 12. September.

Als ich gegen 16.00 Uhr am Kaffeetisch beichte, kommt Freude auf (neun Monate später kein Kind ...)! Trotzdem werde ich für die mutige Zeiteinteilung und Verplanung des Freitagabends und des gesamten Sonnabends belohnt. Zugpaar D 1912/ D 1913 wird wegen der Länge des Dienstes und der Strecke mit zwei Lokführern gefahren. Der gestandene "Schnellzuglokführer" und Plangemeinschaftsleiter Felix Schwitzke (Reisezug) vom Bw Karl- Marx- Stadt Hauptbahnhof und Peter Bernhardt, der Güterzuglokführer aus dem Betriebsteil Hilbersdorf machen sich gemeinsam auf Tour.

Eines der bemerkenswertesten Kunstbauten an der Strecke Chemnitz - Riesa ist das 32 m hohe Zschopautalviadukt bei Limmritz. Das 14bögige Bauwerk spiegelt sich mit dem D-Zug nach Berlin im Wasser wider, August 1990. Foto: Thomas Böttger

Hier sei erwähnt, dass es bei Lokführern keine Zweiklassengesellschaft gibt. Lokführer ist Lokführer, alle haben die gleiche Ausbildung. Nur "dienen" die einen im Güterzug-, die anderen im Reisezugbahnbetriebswerk. Ich Hilbersdorfer habe das "Privileg", die 132 572, die bei uns beheimatet ist, nach dem Hauptbahnhof an den Zug zu bringen und auch wieder bei Dienstende mitzunehmen. Wir müssen somit alle Vorbereitungs- und Abschlussarbeiten erledigen. Der "Hauptbahnhofer" steigt zu wie ein Friseur und nach Ankunft in Karl-Marx-Stadt ebenso wieder ab. Er hat dadurch etwas später Dienstbeginn und dafür früher Feierabend. "Ausgleichende Gerechtigkeit" nennt man so was, glaube ich. Aber meine Fahreuphorie kann das nicht mindern.

Ich fahre bis Berlin-Lichtenberg. Der Felix übernimmt am Rande der Republik über Angermünde und Greifswald nach Stralsund. Ankunft: 3.28 Uhr, Abfahrt 10.19 Uhr, alles Plan. Dazwischen Pause, Schlafen, Kantine, Frühstück. Dann fährt der Schwitzke wieder bei herrlichem Wetter und Sonne, voll von vorn, bis Lichtenberg.

Satte 40 Minuten Verspätung haben wir aufgelesen. Ich übernehme. "Na", lächelt der Kollege säuerlich "das werden wir wohl kaum rausholen." Wenn der Dispatcher noch den Dresdner mit der "Hundelunge" (gemeint ist die BR 118 mit den zwei kümmerlichen 1200 PS Motoren) voraus lässt, haben wir in Karl-Marx-Stadt 80 Minuten drin. Aber es kommt anders. Der Dispatcher lässt den Dresdner am "Grünauer Kreuz" stehen, wir fahren zuerst. Jetzt bin ich gefordert. Dem "Schnellzuglokführer" werde ich es zeigen; beim Dispatcher will ich mich für das

Vertrauen bedanken und die Reisenden sollen pünktlich in Kalle-Malle ankommen - Berufsehre.
Wir sehen nur "grün". Bei jeder Senke schalte ich schon zeitig die Kraft zu. 3000 PS sind viel, verglichen mit einer E-Lok der BR 250 mit etwa 7000 PS Leistung jedoch eher wenig. Also ist Streckenkenntnis gefragt. Wer den Uckroer Berg nach Waldrehna mit 110 km/h befahren will, der kann nicht erst im Bf Uckro mit dem Hochschalten beginnen. Da muss bereits in Drahnsdorf der Zug an den "Haken genommen" werden. In Uckro braucht man dann nur noch die Fahrstufen 13, 14 und 15 einlegen. Ich lasse die Puppen tanzen. 16 Zylinder arbeiten jetzt Minute für Minute raus - am Rande der Legalität, oder schon drüber? Höchstgeschwindigkeit der Strecke und der Lok sind 120 km/h. Das Fahrgestell der 132 ist aber auf 140 km/h ausgelegt. Und ich bewege mich dazwischen. Von Elsterwerda bis Riesa ist Hg 60 km/h Streckengeschwindigkeit für Nebenbahnbetrieb vorgegeben. Sicherheitseinrichtung und Zustand der Strecke aber sind schon für 100 km/h vorbereitet. Also fahre ich was ich glaube verantworten zu können - immer schön dazwischen. Der Felix blickt hin und wieder besorgt von der Beimannseite herüber. Bestimmt schaut er so, weil die von mir traktierte 132 572 seine Planlok ist, so denke ich. Kurz und gut, wir rollen Plan 17.35 Uhr in Karl-Marx-Stadt Hauptbahnhof ein. Ich habe die 40 Minuten herausgeschrubbt. "Alle Achtung", sagt Felix der Reisezuglokführer zum Güterzuglokführer. Der Bahnsteig ist rechts, auf meiner Seite. Da kann ich die geschwollene Brust prima aus dem Fenster hängen. Auch Reisende kennen nämlich Uhren und Zeiten. Als Kellner hätte ich an dem Tag bestimmt ´ne Menge Trinkgeld bekommen. Als ich die Story am Abendbrottisch bei Elvira authentisch nacherzähle, hört sie interessiert zu und bemerkt anschließend: "Seit deiner Abwesenheit gestern Abend sind drei neue Blüten am Hibiskus aufgegangen, haste verpasst".

Ein Mal noch mit der 132 nach Berlin - ein Grund zum Trinken

"Bloody Mary" am Abend sorgt für Unruhe - leider erst am Morgen

Der Fahrplanwechsel steht an. Das heißt mit der BR 132 per Schnellzug nach Berlin ist es bald vorbei. Die Strecke Berlin - Dresden von Ostbahnhof bis Rangsdorf ist bereits elektrifiziert. Während des Sommerfahrplans werden wir nur noch bis dorthin fahren, dann wird umgespannt. So soll es auch weiter gehen. Schritt für Schritt: Golßen, Elsterwerda, Riesa - aus. Unangenehme Aussichten für mich. Ich hänge an der 132 und der Berliner Strecke. Andere wiederum weinen den Diensten keine Träne nach. Es gibt sogar Leute, die stehen mit der Überführungslok (Bf Hilbersdorf, ebenfalls eine 132) lieber 80% der Dienstzeit am Geräteschuppen und lesen Honore de Balzac oder Zola, schmökern ganze Büchereien aus. Für mich völlig unverständlich, ich will Power, Risiko, "volle Granate Renate". Wenn ich am Ruhetag wirklich keine Lust zu einem zusätzlichen Dienst habe oder mal zwei Tage am Stück mit meiner Familie verbringen möchte, kann mich mein PLL nur mit Berlin locken. Das weiß der: "Komm Bernhardt, gib deiner Krämerseele einen Stoß, ist der Frühberliner, biste am frühen Nachmittag wieder zu Hause, haste noch was vom Tag." Dass beim "Frühberliner" 3.50 Uhr der Dienst beginnt, das erwähnt er natürlich nicht. Zuhause ist es schwierig einen solchen

Der Vormarsch des Fahrdrahtes setzte schließlich Anfang der 1990er Jahre den 132er Einsätzen nach Berlin ein Ende. Hier 132 157 mit Städte-Ex 175 "Sachsenring" am 30.09.1991 bei Chemnitz-Furth.
Sammlung: Ronny Preußler (Foto: Frank Ruder)

Sonderdienst an die Frau zu bringen. Die Nachricht behalte ich dann solange es geht für mich. Wie viele Tage ich mir dadurch privat versaut und mit der Katze gefressen habe - ich habe nie begonnen sie zu zählen. Wenn ich dann aber ohne Halt und ohne Langsamfahrstelle von Doberlug-Kirchhain bis Flughafen Berlin-Schönefeld über Brenitz-Sonnewalde, Uckro oder Zossen mit 120 km/h, den Schnellzug am Haken, donnere, dann sind die Vorwürfe und das schlechte Gewissen vergessen. Das ist meine Welt!
Wir schreiben das Jahr 1982 und es sind die letzten Maitage. Heute, exakt am 24. Mai 1982 geht es mit der 132 099 und dem D 576, dem Nachtberliner also, dass allerletzte Mal in die Hauptstadt der DDR. Der Zug endet in Karlshorst. Dort werde ich laut Dienstplan von einem Berliner Kollegen abgelöst, der den Leerzug nach Rga zum Abstellen bringen muss und dann mit "meiner" Lok noch irgendeine Leistung innerhalb von Berlin zu fahren hat. Die Lok wird über Nacht im Bw Ostbahnhof betreut. Nach der Übergabe an den Berliner steige ich in den Schnellzug um. Der Zugführer und ich haben sich vorgenommen in der ersten Klasse zu schlafen. Laut Plan könnten wir auch nach Lichtenberg zur Übernachtung und morgens zurück nach dem Ostbahnhof mit der S-Bahn. Er müsste den Zug dann im Bahnhof und ich die Lok im Bw übernehmen. Im Zug schlafen spart natürlich eine Menge Zeit. Ich habe vom abgestellten Zug bis zum Bw nur wenige hundert Meter zu laufen. Dort muss ich die Lok übernehmen, an den Zug fahren und diesen als Leerzug zum Ostbahnhof überführen. "Na, wie sieht´s aus,

Meester? Machste ´n Skat mit?" begrüßt mich der vielleicht 25jährige Zugführer, als ich ankomme. "Skat, zu zweit, musste mir mal erklären", gebe ich zurück. "Doch nicht zu zweit, der Kellner bleibt auch zur Übernachtung hier, hat wie wir morgen den D 571 nach Karl-Marx-Stadt und schläft in seinem Kabuff. Der brutzelt schnell noch was und dann geht´s los, alles schon geklärt, vorausgesetzt, du kannst überhaupt spielen." Jetzt schiebt der Kellner ein Grinsen durch die Küchentür: "Essen kommt, Bierchen oder Cola?" "Zum Essen ein Bier bitte", erwidere ich vornehm. Da laden mich also die beiden Jünglinge, der Kellner war auch etwa Mitte zwanzig, zum Skat ein. "So, da wollt ihr mir altem Mann also das Fell über die Ohren ziehen", lache ich (vor kurzem habe ich meinen 42. Geburtstag gefeiert).
Mittlerweile hat uns der Berliner als Leerzug abgestellt und Essen und Trinken stehen auf dem Tisch. "Und nun zu dir, mein Junge. Hast du schon mal einen Lokführer gesehen, der nicht Skat spielen kann? Sicher nicht! Also bitte!" Nun rotieren die Karten und da muss natürlich auch noch ein Bierchen her. Und vor allem ein Wernesgrüner. Eine der DDR-Raritäten, die auch mir bekommt. Es ist 23.00 Uhr. 5.52 Uhr wollen wir abfahren und da will ich eigentlich ausgeschlafen sein. Der Lars, also der Kellner, kommt auf eine dumme Idee. Er kreiert Tomatensaft, Ei, Wodka und Salz - "Bloody Mary". Nie getrunken, schmeckt.
Wie viel Wodka drin ist, Bahnhof. Gegen Mitternacht als Ältester und mit verantwortungsvollem Job schlägt mich das Gewissen. "Schluss jetzt Leute, war ein toller Abend, aber nun ab in die Betten, könntet meine Jungs sein, wenn es beim ersten Mal geklappt hätte", lasse ich ziemlich angetütelt eine Platitüde ab "und gehorcht dem Papa."
Die beiden widersprechen nicht. Der Zugführer versichert mir, einen Wecker dabei zu haben und den 4.30 Uhr klingeln zu lassen und mich umgehend aus dem Bett zu werfen. Das ist eine klare Aussage, wenn auch in einem nicht mehr ganz klaren Zustand.
Ich wache durch einen Ruck am Zug auf, schnelle hoch, der Blick auf die Uhr sagt mir was Sache ist: Scheiße! Statt 4.30 Uhr ist es 5.30 Uhr. Der Zugführer hat verpennt. Jetzt ruckt es und der Zug fährt Richtung Ostbahnhof. Ich lasse das Fenster herunter und blicke in Fahrtrichtung. Da hängt doch tatsächlich eine Rangierlok der BR 106 vom Ostbahnhof dran und erledigt meine Arbeit. Ich recherchiere mehr als nüchtern. Der Bahnhofsdispatcher hat beim Lokleiter gegen 5.00 Uhr angerufen, wo die Lok denn bleibt, die den Leerzug 571 nach dem Ostbahnhof bringen soll. Der LL sagt: "Noch kein Lokführer da, tut mir leid, habe auch keinen zur Reserve." Daraufhin schickt der Dispatcher seine Rangierlok nach Rga, den Leerzug nach dem Ostbahnhof holen, um damit eine größere Verspätung zu vermeiden. Er hätte das Ding auch laufen lassen können, mir ans Bein natürlich. Klar, was ich jetzt zu tun habe. Die Stelle vor der Überdachung des Ostbahnhofes, an der die Treppe ins Bw hinab führt, kenne ich genau. Ich springe an dieser Stelle vom fahrenden Zug (ungefährlich, etwa 20 km/h die Nacht ist mittlerweile dem Tag gewichen) und laufe was das Zeug hält zum Lokleiter. Wer mich in dieser frühen Morgenstunde sieht, muss denken, ich bin auf der Flucht. Keuchend komme ich vorm LL zum Stehen: "Morgen. 571. Schlüssel 132 068." "Wat denn, Männeken? Biste von der Nutte nich wegjekommen? Wenn du dir jetzt nich beeilst, lass ick dir noch nachträglich Licht an et Fahrrad lejen." "Ja Mensch, Scheiße, gib die Schlüssel, es ist 5.40 Uhr." Rauf auf die 068, den Motor ohne Vorwärmen angetreten und los. Wieder mal mit Blaulicht zum Bahnhof. Alle

machen mit, wissen Bescheid. Beim Posten muss ich mich nicht einmal abmelden, schon: "Rangierfahrt erlaubt." Dafür lieb ich sie, die Berliner, Herz und Schnauze - beides am rechten Fleck. 5.50 Uhr kuppelt mich der Rangierer an den Zug. Bremsprobe, Papiere, Abfahrt um 5.54 Uhr. Den Zugführer fauche ich an, dass er mir in Schönefeld meine Tasche aus der 1. Klasse zur Lok bringen soll. Der hat die Ohren abgeklappt, aus gutem Grund. Plan ab Schönefeld. Dann geht es durch bis Doberlug, ohne Halt, ohne LA-Stelle . . .
Die Welt ist wieder in Ordnung.

Kollegen!

Solche, jene und die, die mir am angenehmsten sind

An einem Sonnabend in den Achtzigern beginne ich 5.00 Uhr morgens meinen Dienst und soll ca. 12.00 Uhr mittags Feierabend haben: Ich befördere den D 570 in Richtung Berlin bis Riesa, dort wird umgespannt. Immerhin geht es ab hier schon elektrisch bis in die DDR-Hauptstadt. Mit dem D 571 fahre ich zurück. Das Mittagessen habe ich für 13.00 Uhr bei

Im Bahnhof Riesa konnte man in den 1980er Jahren solch reizvolle Motive einfangen, links 132 182 vor einem Personenzug nach Karl-Marx-Stadt, rechts die "großohrige" 50 1002 abfahrtbereit nach Nossen am 23.04.1984.
Foto: Siegfried Künzel

meiner "Elvira", bestellt, der Hunger ist schon groß. Gerade komme ich ca. 11.30 Uhr mit meiner 132 073 vor der Drehscheibe in Hilbersdorf zum Halten, da eilt auch schon der "Lokleitungskalfaktor" Habich, zu dieser Zeit gibt es nur noch Schlüsselausgeber in Hilbersdorf, auf mich zu. Der Dispobogen für den Einsatz der Hilbersdorfer Lokomotiven wird längst im Betriebsteil Glösaer Straße von den dortigen Lokleitern geführt. Erregt ruft er mir zu: "Befahre die Drehscheibe erst mal nicht!" "Was ist denn los?" Ich ahne nichts Gutes. Wild gestikulierend erklärt er: "Auf der D-W-Linie (Dresden/Werdau) ist in Frankenstein/Sa. die Fahrleitung auf beiden Seiten gerissen und hängt runter. Da geht gar nichts mehr. Lokleiter Kittstein bittet dich, einen 5-Stunden verspäteten Schnellzug von Karl-Marx-Stadt bis Döbeln zu fahren und dort den D 468 zu bespannen, der etwa ebenso verspätet ist." Mir entgleisen die Gesichtszüge. Aber natürlich lasse ich mich nicht lange bitten. Der gleichaltrige Kittstein bekommt von mir über Habich den Auftrag, meiner Elvira den Ausfall des Familienoberhauptes beim Mittagsmahl telefonisch mitzuteilen. Damit will ich mir wenigstens einen wohlwollenden Empfang an der Kaffeetafel sichern. Ich donnere also mit der 132 073 wieder los.
Die Fahrgäste sind dankbar, als sich in Karl-Marx-Stadt endlich wieder eine Lok an ihren Zug setzt. In Döbeln angekommen, steht der umzuleitende D 468 von Dresden nach Plauen schon bereit. Ranfahren; Bremsprobe; abfahrbereit; abfahren . . . Denkste. Der D 573 in Richtung Karl-Marx-Stadt steht planmäßig in Döbeln und ist ebenfalls abfahrbereit. Prompt geht doch für diesen die Ausfahrt überpünktlich auf "Fahrt frei". Der braucht nun noch zwei, drei Minuten bis zur planmäßigen Abfahrt, währenddessen ich schon fast in Limmritz (nächster Bahnhof) gewesen wäre. Da ich ja einen Umleiter und daher keine Unterwegshalte habe, würde ich mit der Höchstgeschwindigkeit, die der jeweilige Streckenabschnitt zulässt, fahren und das Maximale an Fahrzeit herausholen. Der Dispatcher aber, schlau wie ein Fuchs, lässt eben den D 573 mit langen Fahrzeiten und Halt in Waldheim und Mittweida voraus. Dieser hätte ja bei der Abfahrt in Döbeln dreißig Sekunden Verspätung kriegen können . . .
Jeweils an der Einfahrt der beiden Haltebahnhöfe vom 573 muss ich nun warten und das macht mich ganz schön kribbelig. Gut und gerne wären wir 20 min früher in Karl-Marx-Stadt gewesen, wenn der uns vor dem planmäßigen Schnellzug weggelassen hätte. Kein Wunder, dass wir Lokführer den Job der Dispatcher mit "Ich patsche dies, ich patsche das" kommentieren.
Aber ich will nicht ungerecht sein. Die Wahrheit liegt meist dazwischen, denn oft ließen sie uns mit Güterzügen Stunden vor Plan über die Strecke. Das hat sich oft auf den Feierabend äußerst günstig ausgewirkt. Wenn man beim LL einen Stein im Brett hat, wie ich seit der eben geschilderten Veranstaltung bei Kittstein, kann man schon mal 3-4 Std. Arbeitszeit gutmachen.
Einige Jahre später haben Kittstein und ich dann direkten Kontakt im Personallokleiterbüro. Er als PLL für die Glösaer Dieseltraktion, ich als Vertreter für den Hilbersdorfer PLL. In dieser Zeit fasst Kittstein einen ungewöhnlichen Entschluss. Er will um alles in der Welt noch die BR 132 in seinem "Berechtigungsschein zum Führen von Triebfahrzeugen" haben.
Da ich bald wieder auf die Schiene gehe, meine Zeit im PLL-Büro ist in Kürze abgelaufen, weil der Planmensch zurückkommt, soll ich sein Lehrlokführer werden. Warum nicht? Wir haben als Team im "Schüttelbüro" keine Problem miteinander gehabt, warum sollen wir sie auf der Lok bekommen? Gesagt, getan. Er holt sich die Zusage vom Abteilungsleiter und es geht los.

An der Tankstelle im Bw Chemnitz Betriebsteil Hilbersdorf stehen im Herbst 1990 132 072 und 132 601. Noch sind etliche Maschinen dieser BR im Einsatz, da die Elektrifizierung der Riesaer Linie noch nicht abgeschlossen ist.
Foto: Volker Dornheim

132 601 auf der Drehscheibe des Hilbersdorfer Hauses 2 am 21.05.1984. An dieser Lok ist deutlich die nachgerüstete Schürze (Schneeräumer) erkennbar, welche nicht bei allen Maschinen dieser BR vorhanden war.
Foto: Siegfried Künzel

Beim dritten oder vierten Dienst passiert dem gestandenen Lokführer (er ist Dampflokführer wie ich und besitzt Lizenzen für alle deutschen Baureihen, nur nicht für die Russentröge 120 und 132), eine unangenehme Sache. Wir fahren mit einem Leerpendel vom Küchwald in Richtung Profen bis Wittgensdorf. Reichlich 800 t am Haken, für die 132 ein Klacks, geht es 20 Minuten vor der planmäßigen Abfahrt los. Aber die "Ludmilla" schleudert schon in den Ausfahrweichen und wir kommen einfach nicht auf die Beine. Kurz vor Wittgensdorf Mitte, in der langen Linkskurve, bleiben wir fast liegen, fahren nur noch mit Schrittgeschwindigkeit. Es regnet und ein scharfer Kantenwind fegt die Sandkörner, sobald sie aus den Sandrohren treten, zur Seite. Sie kommen gar nicht erst auf die Schiene, wo sie den Achsen Stabilität verleihen könnten. Der alte Fuchs stabilisiert die Achsen durch Anziehen der Zusatzbremse auf vielleicht 0,5 atü, so wie man es als Schleuderschutz von der E-Lok kennt. Zwar sind die 20 Minuten Vorsprung, die uns der Dispatcher vor dem Schnellzug gegeben hat, schon bis Wittgensdorf aufgebraucht, aber trotzdem retten sie uns. Denn, wären wir planmäßig abgefahren, hätten wir dem nachfolgenden Schnellzug ein schönes Ding verpasst. Eine "Zuglaufstörung" wäre unausweichlich gewesen und ich in Erklärungsnot gekommen. So aber ging alles gut. Das Ende der Geschichte: 1988/89, Kittstein ist wieder Lokleiter und ich werde sein Lehrling in der LL. Aus Kollegen werden nach den Jahren, in denen sich unsere Wege immer wieder kreuzten, Freunde.

Hilflos

Eine Frage des Gewissens

Nachtschicht. Dienstbeginn 16.10 Uhr. November. Scheußliches Wetter. Ich hocke auf meiner 132, fahre nach Senftenberg und ärgere mich gerade über einen Aufenthalt in Plessa auf dem Überholungsgleis. Nun aber schaltet das Signal auf grün/gelb und ich folge dem Personenzug, der mich eben überholt hat, im Blockabstand. Langsam ziehe ich den Güterzug aus dem Bahnhof und beschleunige gemächlich. Andernfalls riskiere ich mit meinem schweren Zug an der Blockstelle Plessaforst ein erneutes Halten, wenn der Personenzug Lauchhammer West noch nicht erreicht hat. Es funktioniert. Vor der finalen Bremsung geht das Blocksignal auf Grün und aus 30 km/h kann ich nun hochschalten, fahrt gewinnen. Die abgeblendete Spitzenleuchte meiner 132 erhellt das Nachbargleis und im Scheinwerferlicht sehe ich plötzlich etwas liegen. Erst halte ich das Etwas für einen verunfallten Hasen. Beim Näherkommen entpuppt es sich als ein Rehkitz. Das arme Tier lebt noch. Es muss völlig verängstigt sein. Vermutlich hat es sich die Beine gebrochen und kann nicht mehr weg. Bis Senftenberg bin ich nun mit Betrachtungen über Gott und die Welt beschäftigt. Wo war der "Hirte allen Lebens", als das Kitz stürzte? Aufgewühlt suche ich nach einem Ausweg, einer Lösung. In Kürze muss ich nämlich zurückfahren. Und zwar genau auf dem Gleis, wo das Reh liegt. Meine Lok wird das Kitz nicht töten, da sich alle Tiere in solchen Fällen instinktiv abducken. Trotzdem muss das im Gleis gefesselte Reh ein weiteres Mal Todesangst erleiden.

Angekommen in Senftenberg, befrage ich den Lokleiter, bei dem ich mich als "Wendepersonal" melde, was wir tun können. Ich schlage vor, einen Wildhüter oder Förster zu benachrichtigen. "Watten, mitten inne Nacht? Da muss schon watt Schlimmeres passieren", blafft der auf

Berlinerisch zurück. Mit dem kann ich also nicht rechnen. Mir allein will auch nichts einfallen. Es ist Zeit für die Rückfahrt. Bei den Gedanken an das arme Tier fröstle ich auf meiner Lok. Wieder wird die Ausfahrt frei. Gewöhnlich habe ich mit diesem Zug durchgehend freie Fahrt bis Hilbersdorf. Ankunft 3.31 Uhr. Dienstende 4.10 Uhr.
Lauchhammer West Durchfahrt. Ich nähere mich dem Bk Plessaforst. Bald würde ich die Stelle befahren. Mir graust. Instinktiv, aber sinnlos, bremse ich den Zug ein wenig ab. Die Bremsen greifen und ich habe eine Geschwindigkeit von zehn km/h. Ich löse nicht aus. Jetzt sehe ich das Rehtier liegen, genauso lebendig und genauso tot wie zuvor. Sicherlich hat es sich mittlerweile zigmal unter einer 132 abgeduckt. Ich kann nicht anders, ich muss anhalten.
Fieberhaft überlege ich. Das Tier bergen, ist fast nicht möglich. Wie soll ich es auf die Lok bekommen auf offener Strecke? Vermutlich würde es vor Schmerzen zappeln, ich könnte mich beim Hochsteigen auf dem Führerstand nirgends festhalten. Falls es dennoch gelingt, wird es der Tierarzt in Hilbersdorf auf Grund seiner Verletzungen einschläfern. Ich würde mich für die Zuglaufstörung schriftlich verantworten müssen. Während dieser Gedanken, habe ich bereits meine Arbeitshandschuhe übergestreift und steige von der Lok. Meinen ganzen Mut zusammennehmend fasse ich das zappelnde und völlig verängstigte Tier an und trage es auf einen Waldweg. Dort lege ich es ab und hoffe inständig, dass das verletzte Rehkitz ein Spaziergänger am Tage findet... Diese Verzögerung zwingt mich erneut Vmax 60/1 anzulegen.
Die weitere Arbeit fällt schwer, die Gedanken kreisen um das Reh, mein sonst intaktes Reaktionsvermögen wird schwerfälliger. Die außerplanmäßige Begegnung hat Energien gezapft. Ich werde müde, versuche das Tier aus meinen Gedanken zu verdrängen. Aus beträchtlicher Entfernung sehe ich den "Bf Rohrwerk": Durchfahrt. Aber für den Abzweig Zeithain steht das Vorsignal in Warnstellung. Die Kraft schalte ich ab, mir ist klar: Da kommt der Nachtschnellzug von Dresden nach Leipzig von links, dann bin ich dran. Und noch bei diesem Gedanken muss es passiert sein. Mein Kopf sinkt nach vorn oder hinten, die SIFA bediene ich stereotyp weiter . . . Als ich die Augen schlaftrunken öffne, bin ich nicht nur am Vorsignal, sondern auch am Hauptsignal des Abzweig Zeithain vorbei. Und zu allem Übel habe ich sogar das Hauptsignal des Abzweiges Röderau passiert. Der Schreck fährt mir in alle Glieder. Ich bin wie gelähmt. Das war kein Sekundenschlaf mehr. Gedankensplitter überschlagen sich in Zehntelsekunden: Erste und beste Variante: Der Schnellzug ist schnell, hat den Abschnitt verlassen, die Abzweigsignale von Zeithain und Röderau waren frei.
Zweite Variante: Hinter dem Schnellzug käme noch ein Zug aus Richtung Dresden. Ich habe das rote Signal des Abzweigs Zeithain überfahren und dieser Zug, weil er etwas später kommt, fährt meinem Güterzug hinten irgendwo in die Flanke. Nach dem Abzweig Röderau kann ja auch noch ein Zug aus oder in Richtung Röderau oder Riesa unterwegs sein - Kollision wahrscheinlich...
Himmel...! Ich raufe mir die Haare, Schweißperlen bilden sich auf meiner Stirn. Ich fahre noch immer ganz langsam. "Soll ich anhalten, zum Fdl vom Abzweig Röderau zurücklaufen und nach der Stellung des Signals, an dem ich gerade vorbeigefahren bin, fragen? Nein. Statt dessen starre ich nach allen Seiten: Nachtschwarz. Nirgends auch nur die Ahnung eines Zuges. Jetzt erlöst mich das Vorsignal der Einfahrt Riesa von meiner großen Pein. Nun kann nichts mehr

passieren. Vor, neben und hinter mir sind die Schienen offenbar leer. Auch das Einfahrsignal zeigt "gelb", also "Einfahrt frei", aber Halt am Zwischensignal erwarten.
Was nun geschehen wird, ist mir klar: Am Bahnsteig in Riesa steht ein anderer Lokführer und löst mich ab, da ich mindestens ein "Halt" zeigendes Hauptsignal überfahren habe. Ich fühle mich beschissen, wie selten in meinem Leben. Aber was ist das? Ich wage nicht meinen Augen zu trauen. Das Einfahrsignal des Bf Riesa beginnt gelb zu blinken, heißt: Einfahrt frei, am Zwischensignal Fahrt frei mit Geschwindigkeitsbeschränkung 40 oder 60 km/h erwarten. Das bedeutet, Durchfahrt Bahnhof Riesa . . . Ich kann es kaum glauben. Eine Zentnerlast fällt von mir ab. Müde bin ich auf den verbleibenden 67 Kilometern nicht mehr geworden.

Kleine Dinge sind manchmal unerreichbar

Auf der Suche nach Brot und Apfel finde ich Klöße, Sauerbraten und ein Sonntagslächeln

Es ist ein Sonntag, aber nicht mein Sonntag. 12.30 Uhr Dienstbeginn, 0.30 Uhr Feierabend. Ich habe zu Hause noch gespeist, wenn auch nicht gerade fürstlich, und erscheine einigermaßen gesättigt in der Lokleitung. "Na, Bernhardt, haste Profen?", empfängt mich der Lokleiter. Wer sich in den späten Achtzigern sonntags in Zivil 12.29 Uhr am Lokleitungsfenster in Hilbersdorf

Die Kantine im Betriebsteil Hilbersdorf des Bw Karl-Marx-Stadt hatte rund um die Uhr geöffnet und bot für die Beschäftigten eine äußerst preiswerte Getränke- und Imbissversorgung, hier im Jahre 1983.
Sammlung: Sächsisches Eisenbahnmuseum

meldet, der hat Profen (ein Nest zwischen Leipzig und Gera, kurz vor Zeitz), ganz klar. Ich nicke. "132 099, steht im Haus." Wortlos nehme ich die Lokschlüssel, wende mich zur Tür, muss mich ja noch umziehen, 13.00 Uhr abmelden. "Ist dir eine Laus über die Leber gelaufen oder gab´s nichts zu Mittag bei deiner Elvira", blafft der LL hinter mir her. "Hast doch sonst immer die große Klappe!" "Komm Junge, hat nichts mit dir zu tun, bin einfach nicht gut drauf", gebe ich friedlich zurück.
Der LL ist ein Spätaussiedler - Joschka Sadowsky. Wir nennen ihn den "polnischen Adler". Ehemals Lokführer, war er beim Putzen der Außenhaut einer 120er in Borna mit der Leiter umgestürzt und hatte sich bleibende Verletzungen zugezogen, die einen Einsatz im Fahrdienst nicht mehr zulassen. Da der Unfall ohne eigenes Verschulden zustande kam, kann er jetzt in der Hilbersdorfer Lokleitung richtig abhängen. Er bekommt Durchschnitt gezahlt, Nachtzuschlag und Überstunden enthalten. Der bestbezahlte Mann in unseren Kreisen. So mancher blickt neidisch auf Joschka, ich nicht. Nie würde ich mit ihm tauschen. Unterwegs auf der Schiene, das ist meine Welt.
An diesem Sonntag nun eile ich in die Garderobe, lege den feinen Zwirn ab und die ölverschmierten Arbeitsklamotten an. Kaffee in der Kantine - ein Muss. Alles in den 30 Minuten, in denen ich die Lok auf "Herz und Nieren" zu prüfen habe. Aber, wenn Karl Walde, dieses Muster eines Lokführers, mit dieser Kuh (132 099) Dienst hatte und mit ihr über die Drehscheibe in den Stall gefahren ist, dann läuft sie auch wieder hinaus.
Es geht also ratz-fatz, Motor starten, Scheibe antyphonieren (Thyphon = neudeutsch Schallsender, früher einfach Pfeife) und los geht es. Ab Küchwald habe ich einen Leerpendel bis Profen zu fahren. Den vollen natürlich retour. Der erste Bf. nach der Abfahrt in Hilbersdorf ist Küchwald, da soll ich meinen Zug bespannen. Aber was sehe ich, als ich mich der Einfahrt nähere: Durchfahrt Bf. Küchwald. - Das ist ungewöhnlich. Der Leerpendel fällt also aus und man hält es nicht einmal für nötig, den Lokführer davon zu unterrichten. Oder hatte es der "polnische Adler" einfach vergessen mir mitzuteilen? - Egal. Ich fahre durch den Bf. Küchwald und komme in Wittgensdorf oberer Bf. am gesperrten Ausfahrsignal zum Halten. Ideal, um meinen mittlerweile knurrenden Magen mit einem Apfel zu füttern. Ich will ihn aus meiner Tasche, die auf dem Führerstand liegt, nehmen. Aber auf dem Führerstand sitze nur ich, da ist keine Tasche. Ich eile durch den Maschinenraum zum anderen Führerstand - keine Tasche. Keine Tasche, kein Apfel, keine Vorschriften, kein Störsuchplan, keine Bemmbüchse, keine Selters, nichts. Zwölf Stunden Dienst mit nichts. Wehmütig denke ich an meine acht Zentimeter hohe Aluminiumbrotdose, in der die rustikalen Blut- und Leberwurstschnitten, das Käsebemmchen wunderbar Platz haben. Halbe Gurke war auch dabei. Alles von mir für die große Tour am Sonntag selbst hergerichtet. Elvira hatte ich schon am dritten Tag unserer Ehe von der Pflicht entbunden, mir die Schnittendose zu füllen. Da gab es heute drei Leberwurstschnitten, morgen drei Salamischnitten und übermorgen drei Käseschnitten. Zuviel Abwechslung für meinen Geschmack. Da denkt einer wie ich schon mal wehmütig an die Mama. Das Vespern auf der Lok ist immer ein kleines Fest. Ich weiß, was sich in der "Bemmbüchse" befindet, worauf ich mich freuen kann. Aber heute? Keine Tasche. Mein Denkapparat beginnt zu arbeiten: Die Tasche steht in der Kantine, dort habe ich Kaffee getrunken, eine Flasche

Nicht immer voll ausgelastet waren die 2200 kW-starken Maschinen aus Woroschilowgrad. Am 18.05.1987 hatte 132 068 im Bahnhof Burgstädt nur einen zweiachsigen Güterwagen am Haken.
Foto: Volker Dornheim

Der Lokumlauf bedingte, dass sich am 15.05.1987 die 132 167 mit dem aus nur zwei "Hutschachteln" bestehenden P 5796 Karl-Marx-Stadt - Cossen "abmühen" musste. Heute gibt es hier keine lokbespannten Reisezüge mehr.
Foto: Volker Dornheim

Selters gekauft und auf Grund der Eile die Tasche stehen lassen. Was tun? Ich laufe zum gegenüberliegenden Stellwerk und rufe den Dispatcher an. Erkläre ihm die Sachlage, will noch mal mit der Lok ins Bw, meine Tasche holen. 22.00 Uhr fahre ich erst den vollen Kohlezug ab Profen, da ist genug Zeit. Aber nicht mit dem. "Also hör mal, mein Lieber", tönt es aus dem Hörer "wir können nicht für jeden Lokführer, der seine Gedanken nicht zusammennimmt, eine Extrawurst braten!" Peng! Das sitzt erst einmal. "Na ja, ich kann ja bis zum Hauptbahnhof und anschließend nach Hilbersdorf mit dem Personenzug fahren. Dann hole ich die Tasche und meinen Trabi und fahre mit dem nach Wittgensdorf. Auf der Rückfahrt in Narsdorf werde ich sowieso abgelöst und da könnte ich dann in Wittgensdorf abspringen." "Du vergisst dass heute Sonntag ist und in den nächsten zwei Stunden kein Personenzug nach Kalle-Malle fährt." "Komm Junge, lass dir was einfallen oder willst du verantworten, dass ich Hungers sterbe?" "Pass auf, ich mach dir einen Vorschlag", klingt es jetzt schon versöhnlicher, "in Kürze fährt eine Baumaschine durch Wittgensdorf, die nach K.-M.-Stadt - Küchwald will. Die halten wir an. Da fährst du mit, natürlich nachdem du deine Lok nach Gleis 5 in Wittgensdorf umgesetzt hast, damit sie niemandem im Weg steht. Ab Bf. Küchwald musst du dich nach Hilbersdorf selbst durchschlagen. Wenn du aber nicht pünktlich zurück bist, lass ich dir eine ran, verstanden?" Die letzten Worte klingen bedrohlich. Ich bedanke mich kleinlaut und da kommt auch schon die Baumaschine. Ich steige zu, mache mit den Kollegen einen Schwatz bis Küchwald und steige ab. "Ach was", denke ich, "bevor du mit dem Bus erst in die Innenstadt und dann wieder nach Hilbersdorf fährst, bist du doch das Stück in der gleichen Zeit locker gelaufen, sparst Geld, tust etwas für die Figur, dann schmeckt die Brotzeit gleich noch besser."

Nach vierzig Minuten bin ich bei meiner Tasche. Die steht da, wo ich sie vergessen habe, auf einem Stuhl in der Kantine. Unauffällig nehme ich sie weg, höre die Kollegen schon lästern "Haha, der Bernhardt und die Tasche." Gehe in die Garderobe, um aus dem Schrank Autoschlüssel, Fahrerlaubnis und Zulassung (heute Führerschein und Fahrzeugschein) zu holen. Und was muss ich feststellen? Keinen Garderobenschlüssel dabei, der Bund liegt auf der Lok, in Wittgensdorf. Auf dem Weg von der Garderobe zur LL komme ich an einem Spiegel vorbei. Als ich hineinblicke erhalte ich einen Vorgeschmack auf "Wie werde ich aussehn, wenn ich älter bin . . .?" Der LL gibt mir Werkzeug, ich breche mein Schloss auf und sorge nun unweigerlich für Gesprächsstoff in der Kantine. Mit Tasche und Trabi verlasse ich fluchtartig das Gelände. Knapp aber noch vor vier angekommen melde ich mich zurück. "Wird ja Zeit, dass du wieder da bist, wir brauchen jetzt nämlich gleich Gleis 5", tönt mir der Stellwerkswärter entgegen. "Ja, du setzt um nach Gleis 4, dann fährt der leere Sandzug nach Rochlitz auf 5 ein und du spannst den bis Narsdorf vor. So hat die Obrigkeit entschieden." "Alles klar", ich setze nach der Einfahrt des Leerzuges meine Lok davor. Der Lokführer der Zuglok kuppelt und kommt dann zu mir. Er hat bei seinem Bock den Motor abgestellt, die Sifa ausgeschaltet und ist bis Narsdorf mein Beimann. Freude kommt auf. Es ist der Icke, der Kästner, Alfred. Wir zwei haben uns immer besonders viel zu erzählen. Die Berliner Schnodderschnauze bei dem die "Orient", ohne Filter selbstverständlich, nie verglimmt. Und nun hat er wieder mal keinen Sonderdienst am Ruhetag gekriegt, obwohl er doch daheim so viele hungrige Mäuler stopfen muss. Während andere einen Bogen um den Clarius machen, damit er sie nicht an ihrem

Ruhetag zu einer Sonderschicht einladen kann, bietet ihm der Icke seine Arbeitskraft immer mit den gleichen Worten an: "Mann, Clari, ick brauch Schrot wa. Die Alte hat wieda een jeblumdet Kled jekooft, wa. Da muss ick en Stoß (Sonderschicht) machen . . ." Wenn da nichts klappte, war Alfred sauer.

Über unserem Lokführergeschwätz kommen wir nach Narsdorf. Dort trennen sich die Strecken. Geradeaus nach Rochlitz, wo der Icke mit dem Sandzug hin will und ich links in Richtung Leipzig - bis Geithain erst mal meine Route. Nach hinten die Lok rot abgeblendet und schon hab ich frei. Bremsartwechsel noch schnell auf "R" (rapid) umgestellt und los geht´s. In Geithain "Ausfahrt Halt", von Frauendorf kommt erst noch der Personenzug. Das Gelaber mit dem "Icke" hat den Hunger von vorhin verdrängt. Aber jetzt, Tasche auf, Bemmbüchse raus und rustikal mit Leberwurstschnitten vespern. Mir tropft der Zahn. Aber was ist das? Ich traue meinen Augen nicht: Vorschriften, Störsuchplan, Arbeithandschuhe und die in der Kantine gekaufte Selters, alles da. Nur die verdammte Bemmbüchse und der Apfel nicht. "Nein!? Die liegen doch nicht noch zu Hause bei Elvira im Kühlschrank." Ein gotteslästerlicher Fluch tönt durch den Führerstand. Der Riesenaufwand umsonst.

Der Personenzug fährt ein, ich fahre zähneknirschend weiter bis Profen. Keine Bahnhofskneipe. Dort habe ich nun bis zur Abfahrt des vollen Pendels eine Menge Zeit. In der Stube der Zugfertigsteller sitze ich nun bei Kaffee und erzähle der netten Kollegin von meinem

Der legendäre Kohlependel aus Profen durchfährt am 29.03.1986 gezogen von 132 601 und 132 164 den Haltepunkt Karl-Marx-Stadt - Borna. Im Hintergrund ist die Überführung der Industriebahn Küchwald - Obergrüna zu sehen. Foto: Volker Dornheim

Missgeschick. "Na, junger Freund, das tut ihnen doch mal gut", spielt sie augenzwinkernd auf meine einhundertfünfunddreißig Gramm Übergewicht an. Gequält lächle ich. Hunger wie seit dem Krieg nicht mehr. "So", sagt sie plötzlich, "jetzt nehme ich aus dem Gefrierschrank die letzte Portion Sauerbraten, Klöße und Rotkohl, erwärme sie und die essen sie dann. Kostet 60 Pfennige. Eigentlich ist das die Reserveportion für besonders schwere Fälle." "Bin ich das hier und heute etwa nicht?" "Ja, ja. Da haben sie noch mal Glück gehabt. Ein anderer hätte ihnen gar nicht verraten, dass es so etwas gibt." Nun speise ich an diesem Sonntag doch noch fürstlich, begleitet von einem charmanten Lächeln. Die Zeit bis zur Abfahrt vergeht fast zu schnell. In Narsdorf werde ich dann auch abgelöst. Der Vorspannlokführer drosselt das Tempo in Wittgensdorf bei der Durchfahrt auf Schrittgeschwindigkeit. Ich kann ohne Gefahr abspringen, brettere mit meiner "Pappe" (Trabant) eineinhalb Stunden vor Dienstschluss heim. Dort wartet noch ein fürstliches Nachtmahl auf mich. Um 23.00 Uhr angle ich mir meine Bemmbüchse mit Leberwurst-, Blutwurst-, Käseschnittchen, halber Gurke, ganzem Apfel und einem Bierchen aus dem Kühlschrank und bin es zufrieden.

Eine üble Zwickmühle

Ein zu langer Zug kann das Leben verkürzen

Ein Frühlingstag schickt gerade die Sonne durch die Scheiben meines Führerstandes und wärmt mich. Ich träume ein wenig, eingebettet in das Murmeln einer 132 im Leerlauf. Im Gepäck haben wir zwei einen endlos langen Güterzug. Ziel ist wie so oft, wenn ich in dieser Richtung unterwegs bin, Senftenberg. Ich nähere mich dem Bahnhof Döbeln, sehe bereits das Einfahrsignal - "Rot".

Doch zuvor muss ich noch einen mit einer automatischen Schranke gesicherten Straßenübergang befahren. Das Wegübergangssignal So 15 zeigt mir 1000 m vorher an, die Schranke funktioniert, sie schließt. Ich passiere die Hauptstraße, die von Großbothen nach Döbeln führt. Der Zug ist bereits abgebremst, wegen der gesperrten Einfahrt, da sehe ich linksseitig einen Krankenwagen mit Blaulicht an der Schranke stehen. "Verdammt! 118 Achsen! Das reicht doch nie und nimmer, wenn ich jetzt an der Einfahrt Döbeln halten muss. Die letzten Waggons meines vielleicht 350 m langen Zuges, stehen doch fast noch in Limmritz, hängen also Längen über die Beschrankung hinaus. Erst wenn ich Einfahrt bekommen werde, können die Latten hochgehen." Aufgeregt hypnotisiere ich das Signal: Aus dem Rot will einfach kein Grün werden. Ich fahre puffergleich mit dem Signalmast an das Einfahrsignal heran. Stehe. Aus dem linken Fenster des Führerstandes blicke ich aufgeregt nach hinten. Scheiße. Da steht der Krankenwagen mit dem Blaulicht noch. Es hat nicht gelangt. Ich denke an Schwerverletzte, an Blutkonserven für ein krankes Kind. Wut packt mich: Warum komme ich, immer ich, in diese prekären Situationen. Wären es fünf Waggons weniger . . . "Wären" gilt nicht. Ich ziehe den Zug über das gesperrte Signal, wissend, dass ich mir damit richtige Scherereien einhandeln kann.

Ich überlege: Bis an die Weiche, die meinen Fahrweg aus Richtung Leipzig kreuzt, ist es weit. Wenn ich also 100 bis 150 m über das Signal ziehe, kann ich theoretisch niemanden gefährden. Mein Kopf bewegt sich ähnlich einer Rundumleuchte nach hinten und vorn. Endlich!

Am 13.11.1992 stehen 232 590 (Bh Erfurt) und 232 500 / 231 038 (Bh Chemnitz) in dem seines Daches beraubten Haus 1 im Betriebsteil Glösaer Straße. 10 Jahre später schloss diese Dienststelle ihre Pforten.
Foto: Volker Dornheim

Am 18.11.1993 steht 232 500 (Bh Chemnitz) neben dem Freiluftlokschuppen im Betriebsteil Glösaer Straße. Die im Haus stehende 228 624 dient zu diesem Zeitpunkt nur noch als Ersatzteilspender.
Foto: Volker Dornheim

Erleichtert beobachte ich, dass sich die Schrankenbäume heben, der Krankenwagen startet. Ein Stein, nein mehrere fallen mir vom Herzen. Ich ziehe durch: Vollbremsung. Bei der Geschwindigkeit höchstens 30 m Bremsweg - Gefährdung der Leipziger Strecke ausgeschlossen. So schnell wie lange nicht, klettere ich vom Führerstand und renne nach hinten zum Signalfernsprecher. Aufgeregt und wortreich will ich dem Fahrdienstleiter erklären, wieso ich das "Rot" ignoriert habe. "Mensch Junge, beruhige dich", lacht er über mein atemloses Gestammel. "Ich habe alles vom Stellwerk aus beobachtet und dir unmittelbar nach deiner Signalüberfahrung Ersatzsignal (Einfahrt frei 40 km/h) gegeben. Du hattest "Halt" wegen der anstehenden Rangierarbeiten, die habe ich beim Herannahen der SMH (Schnelle Medizinische Hilfe) sofort gestoppt. Mach dir also keine Gedanken und zieh vor bis an die Ausfahrt." Obwohl wir mit den verschiedenen Stellwerkkollegen zigmal von der Lok aus Blickkontakt gehabt haben, kann es ein ganzes Berufsleben passieren, dass nie ein Wort gewechselt wurde, weil - keine Veranlassung. Vielleicht war ich deshalb so angetan von seiner Reaktion, die mir Aufmerksamkeit und Verständnis für meine einsame Entscheidung auf dem Führerstand signalisierte. In Gedanken um menschliches Miteinander unter Bahnkollegen versunken, marschiere ich entlang der "zu vielen" Waggons zu meiner Lok.

Manche mögen es hart . . .

Über den Bayerischen Bahnhof in Sachsen von Sachsen nach Sachsen

Das architektonische Kleinod unter den DDR-Bahnhöfen, der Bayerische Bahnhof in Leipzig, liegt bereits in den letzten Zügen, als mich 1994 eine letzte Fahrt dorthin verschlägt. Durch die Wende war der BB, der einst, Anfang des 19. Jahrhunderts, sächsisch-bayerische Eisenbahngeschichte schrieb, noch bedeutungsloser geworden. Bis 1915 war der schmucke Bahnhof Ausgangspunkt für die Züge nach Hof über Altenburg, Zwickau, Reichenbach und Plauen. Als Anfang des 20. Jahrhunderts der Hauptbahnhof entsteht, verliert der Bayerische Bahnhof mehr und mehr an Bedeutung. Heute nutzt man das Areal für kulinarische Reisen durch die gutbürgerliche Küche. Aber noch wird der Bahnhof als solcher genutzt und auch ich, der Kultur- und Kunstbanause, bin jedes Mal fasziniert, wenn ich in den Kopfbahnhof einfahre.
Wir starten in Chemnitz um die Mittagszeit. Über Neukieritzsch fahren wir bis Leipzig-Connewitz. Danach biegt die Schiene zum Bayerischen Bahnhof links ab. Doch der Fdl von Connewitz pennt - wie ich - und so vergesse ich "links abzubiegen". Der Fdl weiß, dass mein 3708 zum Bayerischen Bahnhof soll und ich hätte am Signalbild (Ausfahrt frei) erkennen müssen, dass es nach Stötteritz geht anstatt nach "Bayern". Am roten Ausfahrtsignal in Stötteritz funkt mich der Fdl von Stötteritz an und sagt, dass hier eine E-Lok einschließlich Lokführer darauf brennt, etwas zu tun - eine Bereitschaftslok also.
Kurz darauf setzt sich der "Arbeitslose" mit seiner E-Lok an die andere Seite meines Zuges und es geht nun über das Gleisdreieck zum Bayerischen Bahnhof. Von der Seite bin ich noch nie gekommen. Außerdem hat es den Vorteil, dass ich den Zug im Kopfbahnhof nicht erst noch umfahren muss, sondern schon passend für die Heimfahrt an der Spitze hänge. Der E-Lokführer grinst mich beim Vorüberfahren dankbar an, denn schließlich habe ich ihn aus seiner

Lethargie gerissen und sogar zu etwas Fahrgeld verholfen.
Den Motor hatte ich bereits in Stötteritz abgestellt. Jetzt will ich bis zur Abfahrt nach Chemnitz noch eine Ölprobe entnehmen. Ich lege also - vorschriftsmäßig ausgedrückt - "den Schalter zum Betreiben der Vorölpumpe um" und die rammelt auch sofort los. Ein hässliches Geräusch. Am Zapfhahn liegt jetzt Motoröl mit einem geringen Druck an. Der Zapfhahn ist ein Ventil. Aber warum auch immer, es lässt sich heute nicht von Hand öffnen. Ich werde wütend. Diese 232 047, eine der letzten Dreckhütten, will mir mit einem Ventil, das sich nicht öffnen lässt, meine wohlverdiente Pause versauen! Und das zu einem Zeitpunkt, an dem ich ob der vorangegangenen "Misslichkeiten" (die ich selbst mitverschuldet habe) sowieso schon gereizt bin!
Hammer und Zange sind schnell zur Hand und ich gehe dem Ventil richtig grob ans Zeug. Meiner rohen Gewalt hält es nicht stand und das Öl fließt in die kleine Flasche, die ich darunter halte. Ich drehe das Ventil wieder zu, als die Flasche voll ist.
Mit Leberwurstbemmchen, Apfelschorle und der Schweine-BILD - deren überzeugender Sportteil die Fuwo und das Sportecho ins Aus katapultiert hat - lasse ich es mir die 40 min bis zur

Von der Halle des Bayerischen Bahnhofes, welcher in den Jahren 1842 - 1844 errichtet wurde, blieb nur der Portikus erhalten. Dieser erhielt im Jahre 1991 einen neuen Anstrich, würdig genug, für den ältesten Kopfbahnhof Europas. Foto: Thomas Böttger

Die Einfahrt in den Leipziger Bayerischen Bahnhof erfolgt über den linken Schienenstrang während es geradeaus nach Stötteritz geht, 27.04.1988. Foto: Günter Meyer

Abfahrt nach Chemnitz gut gehen. Pünktlich wird die Ausfahrt frei und ebenso pünktlich gibt der Zugführer Abfahrtsignal. In Neukieritzsch muss ich eine vierziger Weiche befahren und bemerke danach beim Hochschalten, dass die Lok schleudert. Ungewöhnlich. Trockenes Wetter. Keine Steigung. In Borna bei Leipzig ein planmäßiger Halt und ein weiterer in Geithain. Aber dann kommt Narsdorf...

Beim Bremsen rutscht der ganze Zug. Nach dem Halt wird die Ausfahrt frei, aber die "Rotmützige" gibt kein grünes Licht zur Abfahrt, sondern rennt auf meine Lok zu. Mit den Worten: "Ich soll Ihnen vom Fdl ausrichten, dass ihre Lok Öl verliert", steht sie keuchend am Führerstand. Jetzt gibt sie Abfahrt. Genau in diesem Moment stellt der Diesel ab. Zu wenig Öldruck. Es ist ein unnachahmliches Geräusch, wenn der Motor in die Knie geht. Es sei denn, man hat es selbst durch Drücken des Abstelltasters ausgelöst. Das klingt wie ein Abschied für immer. "Sagen Sie ihrem Fdl, er soll die Ausfahrt wieder zurücknehmen und eine Ersatzlok bestellen."

In dem Moment geht mir ein Licht auf: Ich hatte das Ventil nach der Ölprobe nur "von Hand" geschlossen, anstatt es mit dem Hammer auch wieder zuzuschlagen. Das Ventil hatte sich wieder geöffnet und den Inhalt der Ölwanne in den Maschinenraum gepumpt. Von da aus ist das Öl an allen möglichen und unmöglichen Stellen des Maschinenraumes, nach außen und auf die Schienen gelaufen. Deshalb auch das Schleudern in Neukieritzsch.

Nach einer halben Stunde kommt die 232 580 als Ersatzlok und setzt sich hinten an den Zug. Das hatten wir heute schon mal an anderer Stelle - und schiebt meinen Zug bis zum Chemnitzer Hauptbahnhof. Über die durchgehende Behälterleitung hatte ich vorne alles "bremsmäßig" im Griff.

Als ich mit der 047 in der Werkstatt aufschlage, tanken wir sage und schreibe 800 l Öl. Also habe ich horrende 800 l auf die Strecke gepumpt! Die Feuerwehr muss das verlorene Öl viele Kilometer weit neutralisieren.
Die Rechnung dafür bekommt einige Tage später die Bahn und ich muss zum Rapport beim Abteilungsleiter. Ich schwöre "Stein und Bein", dass ich das Ablassventil geschlossen habe. Damit ist die Sache für mich erledigt. Nicht aber für die 232 047: Die tropfte noch nach Tagen aus allen Löchern und wenn sie irgendwo längere Zeit stand, bildeten sich kleine Öllachen.

Epilog

Abschied

Tja und dann bin ich 1996 entsorgt worden, sozial verträglich selbstverständlich. Zwei Tage vor meinem 56. Geburtstag sollte nach vier Jahrzehnten auf den Schienen die Zeit ohne Fahrplan beginnen - der Vorruhestand. Meine Lieblinge, die 132er und jetzt Baureihe 232, sind noch mit Interregiozügen zwischen Dresden und Regensburg unterwegs. Ich bin nicht mehr dabei.
Im Februar 1996 musste ich mich innerhalb von drei Tagen entscheiden: Gehen oder Bleiben. Ich entschied mich für Gehen:

1. Ich hatte alles gefahren, vom Rangiergeschäft Südbahnhof bis hin zum D1912/1913 Stralsund.
2. Der ICE, wäre für mich, den Chemnitzer Provinzlokführer, sowieso nicht mehr in Frage gekommen.
3. Nicht mehr zu allen möglichen oder unmöglichen Zeiten Dienstbeginn oder -ende haben.
4. Auf der Schiene kann mir nun nichts mehr passieren.
5. Einen Arbeitsplatz für einen jungen Kollegen freimachen (die arbeiteten zu dieser Zeit als Maler, Maurer oder Tapezierer in der Firma).
6. Kulant zeigte sich diese AG.

Und trotzdem - der Abschied fällt schwer. Schon bei all den vorangegangenen Diensten hatte ich mich, wie nie in meinem Lokführerleben, über die Runden gezittert. Das Ende des Arbeitslebens aus diesem - meinem Beruf vor Augen, ist ein bisschen wie Sterben. Mir war es nicht einmal vergönnt, auf einer 232 aus meinem aktiven Lokführerdasein zu scheiden. Schade!
Meine letzte Tour am Montag den 29.04.1996 führte mich gen Thüringen, nach Weimar: Pünktlich um 4.13 Uhr erscheine ich an diesem Morgen vor dem Lokleitungsfenster und melde mich zum Dienst. "Hab Weimar", hört mich der LL leise sagen. "229 106 steht vorm Haus", kommt es zurück, als er mir die Lokschlüssel aushändigt.
Ab Glauchau habe ich einen Begleiter. Der Eisenbahnfan und langjährige Triebfahrzeugwart "Steini" will auf meiner letzten Fahrt mein Gast sein. Nach einer Pause in der Goethestadt muss ich den IR 2453 von Düsseldorf übernehmen. Der kommt pünktlich an. Die E-Lok wird abgekuppelt. Wir fahren an den Zug. Die beiden Wendegetriebe (der neuralgische Punkt dieser Baureihe) sind jetzt in Endstellung Fahrtrichtung. Prima. Es kann losgehen.

"Da kommt noch wer", sagt Steini, der auf der Bahnsteigseite rausguckt. Ich höre die Außentür klappen und ein gut aussehender Mann, vielleicht 10 Jahre jünger als ich, "betritt" den Führerstand wie eine Bühne. Angezogen ist der, als wollte er zur Vorstandssitzung von Thyssen. Der Mensch stellt sich vor. Erst klappt dem Steini und dann mir das Kinn nach unten. "Mensch, der ist obere Charge aus dem Verkehrsministerium Krause. Und das bei der allerletzten Fahrt." Kontrolle, das ist ja fast wie ein Unfall. Der braucht jetzt nur noch nach Steinis nichtvorhandener Mitfahrberechtigung zu fragen ...

Doch noch einmal tritt das ganze Gegenteil meiner Erwartung ein: Dieser "Ministeriale" - übrigens ausgesprochen sympathisch, vom Handschlag bei der Begrüßung bis zum Abgang - will uns aushorchen. Ihn interessieren gewisse Befindlichkeiten in unserem Beruf im Allgemeinen und die der Neuen Bundesländler im Speziellen. Dabei führt er das Gespräch so geschickt, dass wir fast traurig sind, als er in Gößnitz absteigt. Ein nettes Plauderstündchen jedenfalls. Dann geht es weiter nach Glauchau, wo auch Steini mich wieder verlässt.

Der lange Rest ist kurz erzählt: Schnell zerrinnen die letzten 30 Kilometer bis Chemnitz unter den Rädern. Bei der Einfahrt in die Stadt kann ich nicht verhindern, dass mir ein paar Tränen über die Wangen laufen. Aus und vorbei. Nie wieder eine Lok lenken ...

Ich bin 56. Hinter mir liegen 36 Jahre auf der rechten Seite des Führerstandes immer die Schienen entlang ... Schöne Jahre. Vorbei! - Wehmut? Ja! - Nicht nur wegen der 132.

Was die DB AG nicht fertig bringt - Frank Sternberg, der Lokführer, der mich ablöst, drückt mir zur Begrüßung, die gleichzeitig meine Verabschiedung ist, einen Strauß Blumen in die Hand ... Den Fotoapparat hat er auch nicht vergessen. Danke Frank.

Abschied vom Schienenstrang - Meine letzte Fahrt auf der 229 106 am 29.04.1994. Bereits einige Jahre später wurde auch die in Rumänien gebaute Diesellok im Betriebsdienst der DB AG entbehrlich. Foto: Frank Sternberg

Text-Bildbände rund um das Thema Verkehrswesen

ISBN 978-3-9808250-7-8
28,5 x 22,5 cm, 128 Seiten
Preis: 24,50 €

ISBN 978-3-9808250-0-0
28,5 x 22,5 cm, 144 Seiten
Preis: 24,50 €

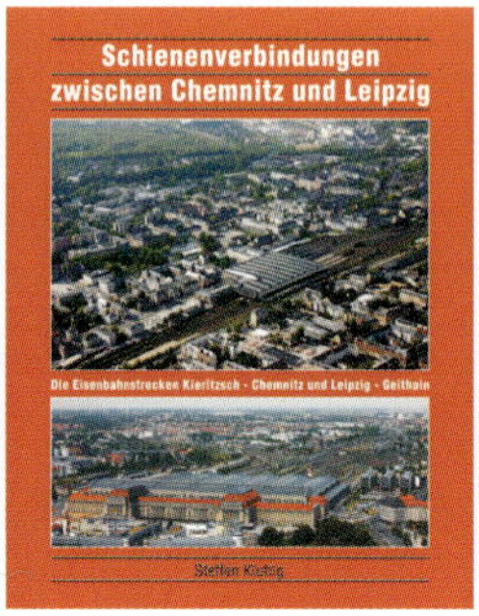

ISBN 978-3-937496-17-3
28,5 x 22,5 cm, 192 Seiten
Preis: 29,80 €

ISBN 978-3-937496-08-5
28,5 x 22,5 cm, 176 Seiten
Preis: 29,80 €

978-3-9806606-7-2

978-3-937496-04-1

978-3-937496-10-6

978-3-937496-05-X

978-3-937496-22-X

Format 24 x 16 cm, Umfang 112 Seiten, Preis: 15,80 €

Format 16 x 24 cm, Umfang 160 Seiten, Preis: 19,80 €

Entlang der Schiene von Chemnitz nach Wechselburg
- Das Chemnitztal und seine Eisenbahn (ISBN 978-3-9808250-2-7)

Unterwegs mit dem mdr 1 Radio
Sachsen-Verkehrsflieger
(ISBN 978-3-937496-13-0)

Format 28,5 x 22,5 cm, Umfang 160 Seiten, Preis: 24,50 €

Fahrzeuglexikon Trabant
(ISBN 978-3-937496-12-2)

Umfang 208 Seiten, Preis: 29,80 €

Fahrzeuglexikon Wartburg
(ISBN 978-3-937496-20-3)

Weiterhin erscheinen Kalender im Format 16 x 16 cm mit 13 stimmungsvollen Postkarten:

Sächsischer Eisenbahnkalender	ISBN 978-3-9806125-6-2
Sächsischer Schmalspurbahnkalender	ISBN 978-3-9806606-0-5
Kalender "IFA-Fahrzeuge"	ISBN 978-3-937496-21-4

Diese und weitere Bücher und Kalender erhalten Sie bei Ihrem Buchhändler oder in unserem Onlineshop unter www.boettger-bildverlag.de